精选

JINGXUAN CHUANXIANG JIACHANGCAI

川湘家常菜

1188

范　海◎编著

中国人口出版社
China Population Publishing House
全国百佳出版单位

图书在版编目（CIP）数据

精选川湘家常菜1188 / 范海编著． —— 北京 ： 中国人口出版社，2014.1
ISBN 978-7-5101-2217-0

Ⅰ．①精… Ⅱ．①范… Ⅲ．①家常菜肴－川菜－菜谱②家常菜肴－湘菜－菜谱
Ⅳ．①TS972.182.71②TS972.182.64

中国版本图书馆CIP数据核字(2013)第306424号

精选川湘家常菜1188

范 海 编著

出版发行	中国人口出版社
印　　刷	北京博艺印刷包装有限公司
开　　本	720毫米×1000毫米 1/16
印　　张	11
字　　数	160千
版　　次	2014年1月第1版
印　　次	2014年1月第1次印刷
书　　号	ISBN 978-7-5101-2217-0
定　　价	19.80元

社　　长	陶庆军
网　　址	www.rkcbs.net
电子信箱	rkcbs@126.com
总编室电话	(010) 83519392
发行部电话	(010) 83534662
传　　真	(010) 83515992
地　　址	北京市西城区广安门南街80号中加大厦
邮政编码	100054

目录 Contents

PART 1

川湘凉拌

Contents

PART 2
川湘热炒

PART 3
川湘蒸炖煮

PART 4
川湘汤煲锅

PART 5
川湘主食小吃

川湘凉拌

爽口川式泡菜

主料 卷心菜300克，青椒、红椒各25克。

调料 花椒、白糖、白酒、精盐、鸡精、姜片、红油各适量。

① 花椒放入锅内，加入适量水，煮成花椒水，放入白糖、白酒、精盐、鸡精、姜片，兑成料汁，烧沸，冷凉后倒入坛内。

② 卷心菜去掉老叶，切成块，洗净；青椒、红椒去蒂、去子，洗净，切块，同卷心菜块一起放入沸水锅中焯烫片刻，捞出，凉干水分，放入坛内料汁中，腌泡1天。

③ 将泡好的菜捞出，加入红油调拌即成。

做法支招：如果喜欢吃辣味的，可以再在料汁中加些干辣椒。

开胃子姜

主料 嫩姜300克。

调料 剁辣椒、精盐、味精、白糖、香油、葱油各适量。

做法

① 嫩姜洗净，去皮，切片，用精盐腌制1小时。

② 将腌制后的嫩姜挤去水分，加入剁辣椒、味精、白糖、香油和葱油拌匀，装盘即成。

营养小典：吃姜能抗衰老，老年人常吃生姜可除"老年斑"。

凉拌苦菊

主料 苦菊300克，圣女果10克。

调料 蒜蓉、醋、盐、鸡精、香油各适量。

做法

① 将苦菊从根部去掉一些，使花瓣散开，用清水洗净，从中间一分为二，控干。

② 将蒜蓉、盐、鸡精、醋倒入一个小碗中，调和成凉拌汁。

③ 将苦菊放进一个大点的器皿中，倒入调和好的凉拌汁，用筷子搅拌均匀，放上蒜蓉，倒入香油，拌匀装盘，将圣女果点缀在苦菊上面即成。

做法支招：清洗苦菊的时候可以加入一些盐，让其中附着的杂质更易洗掉。

苦菊拌萝卜

主料 苦菊200克，樱桃萝卜100克，熟芝麻10克。

调料 蒜末、精盐、酱油、料酒、白胡椒粉、香油各适量。

做法

① 苦菊洗净，切段；樱桃萝卜洗净，切片。

② 苦菊段、萝卜片、蒜末、精盐、料酒、白胡椒粉、熟芝麻、酱油同入碗中拌匀，淋入香油，装盘即成。

营养小典：苦菊属菊花的一种，又名苦菜，有抗菌、解热、消炎、明目等作用。

辣拌油菜

主料 嫩油菜350克。

调料 精盐、鸡精、花椒油、辣椒油各适量。

做法

① 嫩油菜择洗干净，放入沸水锅焯烫至变色，投凉沥水。

② 嫩油菜倒入大碗内，调入精盐、鸡精、花椒油、辣椒油，拌匀装盘即成。

营养小典：油菜中含多种营养素，维生素C含量特别丰富。

主料　白菜300克、红椒50克。

调料　葱姜丝、蒸鱼豉油、精盐、酱油、鸡精、食用油各适量。

做法

① 白菜剥片，每片从中间切开，洗净；红椒洗净，切丝；蒸鱼豉油加酱油、鸡精、适量水调匀制成豉油汁。

② 锅内倒入适量水，放入精盐，大火烧开，放入白菜焯烫至八成熟，捞出，投凉沥水，摆盘中，在白菜上放上葱姜丝、红椒丝，倒入豉油汁，淋入热油，拌匀即成。

营养小典：大白菜富含多种维生素、无机盐、纤维素等营养成分，有"百菜之王"的美誉。

油浸大白菜

主料　白菜帮300克，青椒、红椒各25克。

调料　泡菜水、精盐、鸡精、香油各适量。

做法

① 白菜帮洗净，凉干，斜刀切块；青椒、红椒洗净后均去蒂、去子，切成丝，同白菜帮一起放入泡菜水中浸泡入味，拣出白菜帮，装入盘内摆放整齐，青椒丝、红椒丝撒在白菜帮上面。

② 碗内加入适量泡菜水、精盐、鸡精、香油，调匀，淋入盘中白菜帮上即成。

营养小典：白菜中的纤维素能起到润肠、促进排毒的作用。

功夫白菜

主料　莲藕300克。

调料　辣椒油、香油、糖各1勺，盐、味精各适量。

做法

① 莲藕洗净，削去皮，切成片。

② 藕片放入沸水锅焯一下，用冷开水过凉，沥干水分。

③ 加入辣椒油、香油、盐、味精、糖，拌匀即可。

饮食宜忌：莲藕切开后，孔里如果有泥污，说明莲藕已经被污染了，这样的莲藕最好不要食用。

辣油藕片

双椒拌嫩藕

主料 莲藕250克，青椒、红椒各25克。

调料 精盐、白糖各适量。

做法

① 青椒、红椒洗净，去蒂、去子，切丝；莲藕洗净，去皮，切片，放入沸水锅焯熟，捞出投凉沥水。

② 藕片放入大碗中，撒上白糖、青椒丝、红椒丝，拌匀即成。

营养小典：莲藕含铁量较高，对缺铁性贫血的患者颇为适宜。

泡西芹

主料 西芹1000克，红辣椒50克。

调料 辣椒油、嫩子姜、干辣椒、鸡精、野山椒、精盐、花椒各适量。

做法

① 西芹洗净，切菱形块；红辣椒去蒂、去子，切圈；嫩子姜洗净，切片；野山椒去蒂，洗净。

② 泡菜坛洗净，加入精盐、干辣椒、花椒、西芹、野山椒、嫩子姜、红辣椒和适量清水，泡制8小时入味，捞出西芹，加辣椒油、鸡精拌匀，装盘即成。

营养小典：西芹色泽自然，质地脆嫩，爽口清淡。

青红椒泡菜

主料 青椒、红椒各250克，泡发海带200克。

调料 蒜泥、白醋、虾酱、糖、盐、味精、辣椒粉各适量。

做法

① 青椒、红椒洗净，去蒂、去子，切丝，装盆，加盐腌50分钟，取出挤净水分；水发海带切丝，入沸水锅焯透后捞出，过凉水，挤干。

② 蒜泥、白醋、糖、虾酱、辣椒粉、味精调匀成泡腌调味料，放入青椒丝、红椒丝和海带丝，加调味料拌匀。

③ 将拌好的青椒丝、红椒丝、海带丝装入坛内，两层中间抹匀泡腌调味料，泡腌24小时即可。

做法支招：制作的时候注意保持器皿的干净。

泡小树椒

主料 小树椒1000克。

调料 精盐、白酒、料酒、白糖、香料包(花椒、八角茴香、桂皮、丁香、茴香各3克)。

做法

① 小树椒用清水浸泡20分钟，洗净。

② 锅内放入1000毫升清水，加入各种调味料和香料包烧沸，熬煮5分钟，倒出凉凉。

③ 将煮好的调味汤倒入泡菜坛内，装入小树椒，盖上盖，注入坛沿水，泡腌7天即可食用。

做法支招：腌菜最好有专用的泡菜坛子，如没有也可以用大口瓶替代，一个4升左右的瓶子就够用了。

芥末红椒拌木耳

主料 木耳150克，红椒100克。

调料 香菜、糖、醋、生抽、芥末、香油、盐、鸡精各适量。

做法

① 木耳泡发洗净；红椒洗净切成丝；香菜洗净切段。

② 取小碗，放入糖、芥末、醋、生抽、盐、鸡精，滴香油调匀。

③ 将木耳放入开水锅里焯1分钟，捞出过凉，放大碗中，倒入调味汁，加上红椒、香菜拌匀即可。

做法支招：木耳要选择摸起来比较厚的，而且看起来颜色比较深的。

麻辣花生米

主料 花生米300克，熟芝麻20克。

调料 干辣椒、花椒、八角茴香粉、食用油、盐各适量。

做法

① 花生米用冷水泡3分钟，沥出，放盐、八角茴香粉，腌拌5分钟。

② 炒锅置中火上，倒油烧至五成热，放入花生米，快速翻炒4～5分钟。

③ 加入干辣椒，快炒2分钟，加花椒，炒1分钟，当花生米开始变浅黄色，立即铲出，沥干油，装盘，撒上熟芝麻，待花生凉凉即可。

做法支招：炸花生的时候要注意油温不要过高。

花生仁拌芹菜

主料 新鲜花生仁200克，芹菜100克。

调料 葱丁、辣椒油、鸡精、酱油、白糖、精盐、香油各适量。

做法

1. 新鲜花生仁洗净，用开水烫闷片刻，剥去外衣；芹菜洗净，入沸水锅焯烫后捞出，凉凉，切丁。
2. 酱油、精盐、鸡精、白糖同入大碗中调匀，再加入辣椒油、香油，调匀成香辣味汁，加入花生仁、芹菜、葱丁，拌匀，装盘即成。

营养小典：花生中高含量的蛋白及氨基酸可提高记忆力，延缓衰老。

辣椒油拌双花

主料 菜花200克，西蓝花150克。

调料 醋、辣椒油、味精、盐各适量。

做法

1. 菜花、西蓝花掰成小块，洗净。
2. 将菜花和西蓝花入沸水锅焯熟，投凉沥水，同放入盘中。
3. 辣椒油、盐、醋、味精同倒入碗内调成汁，浇在双花上，拌匀即可。

营养小典：菜花营养丰富，含大量的钙、磷及维生素C，有坚固牙齿、降脂、健美的功效。

姜汁紫背天葵

主料 紫背天葵500克。

调料 精盐、味精、白醋、香油、姜汁、蒜蓉各适量。

做法

1. 紫背天葵取嫩叶部分，洗净，沥水。
2. 姜汁倒在紫背天葵上，放蒜蓉、精盐、味精、白醋、香油拌匀即成。

营养小典：紫背天葵属于药膳同用植物，既可入药，又是一种很好的营养保健品。它具有活血止血、解毒消肿等功效，对儿童和老人具有较好的保健功能。

主料 青笋尖250克，青笋叶100克。

调料 麻酱、蒜泥、精盐、酱油、白糖、花椒粉、辣椒油各适量。

做法

❶ 青笋尖去掉外层老皮，洗净，与青笋叶一同切段，加精盐腌渍1小时，洗净，装碗中，放入白糖、精盐拌匀，沥出水分。

❷ 青笋尖、青笋叶装入碗中，加入辣椒油、酱油、花椒粉、白糖、蒜泥、麻酱拌匀即成。

营养小典：青笋开通疏利、消积下气。

麻辣青笋尖

主料 芦笋300克。

调料 醋、鸡精、辣椒油、精盐各适量。

做法

❶ 芦笋去皮，洗净，切段，入沸水锅中焯烫后捞出，盛盘。

❷ 精盐、鸡精、辣椒油、醋同倒入碗中，调成酸辣味汁，倒入芦笋盘中，拌匀即成。

营养小典：芦笋富含多种氨基酸和维生素，其含量均高于一般水果和蔬菜。

酸辣芦笋

主料 芦笋250克，尖椒、洋葱各25克。

调料 精盐、白糖、米醋、胡椒粉、食用油各适量。

做法

❶ 尖椒洗净，切圈；洋葱洗净，切末；芦笋洗净，切段，放入沸水锅烫熟，捞出凉凉，盛盘中。

❷ 白糖、米醋、食用油、精盐、胡椒粉同入碗中调匀，倒入芦笋盘中，加入尖椒圈、洋葱末拌匀即成。

做法支招：芦笋以鲜嫩整条，尖端紧密，无空心、无开裂、无泥沙者为佳。

凉拌芦笋

凉拌莴苣干

主料 莴苣干300克，红椒末5克。

调料 香油、生抽各适量。

做法

① 莴苣干用凉水浸泡30分钟，冲洗干净，捞出沥水。

② 莴苣干、红椒末、香油、生抽同倒入碗中，拌匀即成。

做法支招：莴苣干可以从市场购得，也可以自己在家晒制：将莴笋去皮洗净，切片，用开水烫一下，捞出沥干，在阳光下晒干，用方便袋装起封口，食用时用热水泡开即可。

油泼双丝

主料 莴笋、胡萝卜各150克。

调料 鸡精、白糖、干辣椒、食用油各适量。

做法

① 莴笋去皮，洗净，切丝；胡萝卜洗净，切丝；干辣椒洗净，切丝。

② 莴笋丝、胡萝卜丝、白糖、鸡精同入大碗中拌匀，撒上干辣椒丝。

③ 锅中倒油烧开，趁热淋在原料上，拌匀装盘即成。

营养小典：此菜清热解毒，生津利水。

凉拌香菜

主料 香菜500克，鲜红椒10克。

调料 精盐、味精、香辣酱、蚝油、香油、红油、蒜蓉各适量。

做法

① 香菜择洗干净，沥干水，放入盘中；鲜红椒去蒂、去子，洗净后切丁。

② 精盐、味精、香辣酱、蚝油、香油、红油、蒜蓉、鲜红椒丁放入碗中，放入香菜拌匀即成。

做法支招：香辣酱用辣椒制成，色泽鲜红，香辣可口，根据不同品种，有蒜蓉香辣酱、牛肉香辣酱、海鲜香辣酱等不同口味。香辣酱是非常常见的烹饪原料，容易购买。

主料 豇豆1500克，大白菜100克。

调料 精盐、干辣椒、姜块、花椒、八角茴香各适量。

做法

① 豇豆洗净，切段，用盐水卤腌2天，捞出凉干；白菜洗净切块，凉干后放坛中，将豇豆放在白菜上。

② 精盐、姜块、花椒、八角茴香、干辣椒投入凉开水中，倒入坛内，倒水淹没豇豆和白菜，腌泡3天即可食用。

做法支招：豇豆分为长豇豆和饭豇豆两种。长豇豆一般作为蔬菜食用，既可热炒，又可焯水后凉拌。

豇豆泡菜

主料 嫩扁豆300克。

调料 姜末、酱油、鸡精、醋各适量。

做法

① 嫩扁豆择去筋，洗净，切丝，放入沸水锅煮熟，捞出沥干，凉凉，盛盘中。

② 姜末、醋、酱油、鸡精同入小碗中调匀，浇在扁豆上，拌匀即成。

营养小典：扁豆味甘、性平，归心、胃经，有健脾、和中、益气、化湿、消暑等功效。

姜汁扁豆

主料 豇豆300克。

调料 姜末、精盐、酱油、鸡精、醋、香油各适量。

做法

① 豇豆洗净，去两端，切段，放入沸水锅焯烫至刚熟，捞出凉凉。

② 姜末、醋同入碗中，调匀成姜汁，加入精盐、鸡精、香油、酱油、豇豆，拌匀后装盘即成。

做法支招：豇豆不宜烹调时间过长，以免造成营养损失。

姜汁豇豆

香辣豇豆

主料 豇豆300克。

调料 干辣椒、香油、食用油、精盐、鸡精各适量。

做法

① 豇豆洗净，切段，入沸水锅焯断生，捞出投凉，沥净水，放入盘内，撒入精盐、鸡精拌匀；干辣椒切成丝。

② 锅内加油烧热，放入干辣椒丝，倒入碗内成辣椒油，稍凉，与香油一起浇在豇豆上拌匀即成。

营养小典：豇豆所含B族维生素能维持正常的消化腺分泌和胃肠道蠕动的功能，抑制胆碱酶活性，可帮助消化，增进食欲。

剁椒蜜豆

主料 蜜豆300克。

调料 剁椒、香油、蒜末、精盐、鸡精各适量。

做法

① 蜜豆洗净，放入沸水锅焯熟，捞出凉凉，切成两半。

② 剁椒、蒜末放入大碗中，加入蜜豆、香油、精盐、鸡精拌匀即成。

营养小典：蜜豆也叫蜜糖豆，其外貌有点像荷兰豆。但比较饱满，也是豌豆的一种，吃起来分外爽脆甜美。

红椒拌荷兰豆

主料 荷兰豆250克，红椒50克。

调料 精盐、鸡精、香油、食用油各适量。

做法

① 荷兰豆洗净，放入沸水锅焯烫至熟，捞出沥水，切段；红椒洗净，切末。

② 荷兰豆段、红椒末同放入大碗中，加入食用油、精盐、鸡精拌匀，淋入香油即成。

营养小典：荷兰豆是营养价值较高的豆类蔬菜之一，能益脾和胃、生津止渴、和中下气、除呃逆、止泻痢、通利小便。

主料　茄子300克，青椒50克。

调料　辣椒油、鸡精、酱油、精盐各适量。

做法

❶ 茄子洗净，改刀成条，上笼蒸熟，捞出凉凉，摆盘中；青椒去蒂、去子，洗净，剁碎。

❷ 青椒末、酱油、辣椒油、精盐、鸡精同入碗中，调匀成味汁，淋在茄子上即成。

饮食宜忌：吃茄子不宜去掉皮，皮中的维生素P的含量要远远大于茄子肉中的含量。

凉拌茄子

主料　胡萝卜2000克。

调料　干辣椒、白糖、白酒、精盐、香料包(花椒、八角茴香、小茴香、桂皮、甘草各1克)。

做法

❶ 胡萝卜去皮，洗净，切块，撒上精盐腌渍2天。

❷ 锅中放入适量水，加入干辣椒、香料包、白糖，大火烧沸5分钟，倒出凉凉，倒入坛中，加入白酒、胡萝卜块，上压竹帘，盖上盖，泡腌3天即成。

营养小典：在众多食物中，最能补充维生素A的当属胡萝卜。

泡胡萝卜

主料　洋葱、青椒、胡萝卜各100克。

调料　酱油、鸡精、香油、辣椒油各适量。

做法

❶ 洋葱、青椒、胡萝卜均洗净，切成丝。

❷ 将洋葱丝、青椒丝、胡萝卜丝放入大碗内，调入酱油、鸡精、香油、辣椒油，拌匀，装盘即成。

营养小典：此菜增进食欲，促进消化。

川香开胃菜

利水萝卜丝

主料 红皮萝卜300克，芝麻25克。

调料 精盐、香油、辣椒油、醋、鸡精各适量。

做法

① 红皮萝卜去皮，洗净，切丝，加入精盐拌匀腌渍10分钟。

② 将腌好的萝卜丝放入盆内，加鸡精、醋、香油拌匀，淋上辣椒油，撒上芝麻，装盘即成。

营养小典：萝卜中的芥子油和精纤维可促进胃肠蠕动，有助于体内废物的排出。

辣腌萝卜条

主料 青皮萝卜1000克。

调料 姜蒜末、精盐、鸡精、料酒、白糖、辣椒粉、辣椒油各适量。

做法

① 萝卜去皮，洗净，切条，装入坛子里，层层撒上精盐，腌24小时，取出，压净渗出的水分。

② 萝卜条放入大碗中，加入辣椒粉、鸡精、辣椒油、料酒、白糖、姜蒜末拌匀即成。

营养小典：青萝卜中淀粉酶、蛋白质、钾等矿物质的含量都很高，具有健脾、防治痰多、口干舌渴等功效。

酸辣黄瓜条

主料 黄瓜300克，红尖椒50克。

调料 香油、醋、精盐、白糖、鸡精各适量。

做法

① 黄瓜洗净，切条，放入盘内，撒精盐腌渍10分钟，沥净水，红尖椒洗净，切段。

② 黄瓜条、红尖椒均放碗中，加入精盐、白糖、醋、鸡精、香油拌匀即成。

营养小典：黄瓜皮含有较多苦味素，是黄瓜的营养精华所在，所以吃黄瓜最好连皮一起吃。

主料 苦瓜300克。

调料 精盐、鸡精、白糖、醋、辣椒油、干辣椒各适量。

做法

① 苦瓜洗净，去子，切条，放入沸水锅中焯烫片刻，投凉沥水；干辣椒洗净，切丝。

② 苦瓜条放在盘中，撒入精盐、鸡精、白糖、醋，腌渍10分钟，撒上干辣椒丝，淋入辣椒油，拌匀装盘即成。

做法支招：将切好的苦瓜撒上盐腌渍一会儿，然后将水滤掉，可减轻苦味。

清拌苦瓜

主料 老南瓜300克。

调料 酱油、泡姜、白糖、泡椒、鸡精、葱花、辣椒油、水豆豉、香油各适量。

做法

① 老南瓜削皮洗净，切成长条，入蒸笼隔水蒸至软熟不烂时取出，凉凉，装盘码齐。

② 水豆豉、泡椒、泡姜均剁细，同入碗中，加酱油、白糖、鸡精、辣椒油、香油调匀成味汁，浇在南瓜条上，撒上葱花即成。

做法支招：南瓜切开后再保存，容易从内部变质，最好用汤匙把内部掏空再用保鲜膜包好，这样放入冰箱冷藏可以存放5~6天。

水豆豉拌南瓜

主料 香菜根300克。

调料 葱丝、精盐、味精、白糖、酱油、红油各适量。

做法

① 香菜根去须，洗净，从中间切开，入沸水锅焯片刻，捞出沥水，倒入大碗中。

② 碗中加入全部调料拌匀即成。

营养小典：香菜辛香升散，能促进胃肠蠕动，具有开胃醒脾的作用。

凉拌菜根

菜根香

主料 各种菜根(或边角料) 300克。

调料 精盐、鸡精、白糖、花椒油、辣椒油、酱油、香油各适量。

做法

① 菜根洗净，放入大碗中，调入少许精盐稍腌，滗去汁水，再加入精盐、鸡精、白糖、酱油，拌匀入味，捞出菜根，码入盘中。

② 将辣椒油、花椒油、香油调匀，浇在菜根上拌匀即成。

做法支招：很多人将菜根当作厨余垃圾丢掉，其实它们只要利用得当都是不错的"厨室法宝"，不仅可以拌凉菜，在处理牛肉或者海鲜等味道重的菜肴时，还可以用来调味。

辣味椒麻玉米笋

主料 罐头装玉米笋300克。

调料 鲜姜、辣椒油、花椒、葱、香油、精盐、鸡精各适量。

做法

① 玉米笋冲洗干净，从中间剖开，放入沸水锅稍煮，捞出凉凉，放盘中。

② 鲜姜、花椒、葱同放在案板上，用刀剁细，放碗中，放入少许开水，浸泡5分钟，成椒麻糊。

③ 辣椒油、香油、精盐、鸡精一同兑入椒麻糊碗中调匀，浇在玉米笋上，拌匀即成。

营养小典：玉米笋的食用部位为籽粒尚未隆起的幼嫩果穗,其营养丰富,含有多种人体必需的氨基酸。

浏阳脆笋

主料 笋干300克，红椒、芹菜梗各20克。

调料 醋、生抽、盐、味精各适量。

做法

① 笋干洗净，泡发至回软，切段；红椒洗净，切丝；芹菜梗洗净，切段。

② 分别入沸水锅焯熟，捞出沥水。

③ 竹笋放盘中，加盐、味精、醋、生抽拌匀，撒上芹菜梗、红椒即可。

做法支招：笋干用淘米水泡发，味道会更好。

主料 竹笋尖250克，红椒50克。

调料 精盐、鸡精、醋、生抽、香油、香菜段各适量。

做法

① 竹笋尖洗净，切段；红椒去蒂、去子，洗净，切丝。

② 锅内倒水烧沸，放入竹笋段、红椒丝焯熟，捞起沥干，装盘，加精盐、鸡精、醋、生抽、香油拌匀，撒上香菜段即成。

营养小典：竹笋一年四季皆有，但唯有春笋、冬笋味道最佳。烹调时无论是凉拌、煎炒还是熬汤，均鲜嫩清香，是人们喜爱的佳肴之一。

美味竹笋尖

主料 冬笋300克。

调料 精盐、鸡精、辣椒油各适量。

做法

① 冬笋洗净，切成梳子片，入锅氽烫，捞起过凉，控水。

② 将冬笋倒入大碗内，调入辣椒油、精盐、鸡精，拌匀，装盘即成。

做法支招：食用竹笋前应先用开水焯过，以去除笋中的草酸。

红油笋片

主料 绿豆芽300克。

调料 香菜末、花椒粉、精盐、白糖、辣椒油、酱油、米醋、蒜泥、鸡精、香油各适量。

做法

① 将绿豆芽掐去尾梢，洗净，撒入精盐腌5分钟后挤掉水分。

② 香菜末、酱油、米醋、香油、辣椒油、花椒粉、白糖、蒜泥、鸡精调和成怪味汁，倒入绿豆芽中，搅拌均匀即成。

营养小典：绿豆芽味甘、性寒，归心、胃经；具有清热解毒，醒酒利尿的功效。

怪味豆芽菜

剁椒凉拌腊八豆

主料 腊八豆、鲜红泡椒各150克，红尖椒50克。

调料 精盐、味精、料酒、陈醋、香油、姜片、蒜蓉各适量。

做法

① 鲜红泡椒和红尖椒洗净后剁碎，放入姜片、蒜蓉、精盐、味精、料酒、陈醋和少许香油拌匀，腌制30分钟，即成剁椒酱。

② 将剁椒酱浇盖在腊八豆上，淋上香油即成。

营养小典：腊八豆是湖南省传统食品之一，它含有丰富的营养成分，如氨基酸、维生素、大豆异黄酮等生理活性物质，是营养价值较高的保健发酵食品。

萝卜干拌毛豆

主料 腌萝卜干100克，毛豆150克。

调料 精盐、鸡精、辣椒油、香油各适量。

做法

① 萝卜干洗净，切丁；毛豆洗净，入锅煮熟，捞出沥水。

② 将萝卜丁放入大碗中，加入毛豆、辣椒油、精盐、鸡精拌匀，淋入香油即成。

做法支招：萝卜干又被称作菜脯，是将新鲜萝卜切成小段后，经过腌制、阴干、晒干等步骤制成，有帮助消化的作用。

香菇泡菜

主料 香菇250克，红辣椒100克。

调料 精盐、鸡精、蒜末、白糖、白醋、辣椒粉、虾酱各适量。

做法

① 香菇去蒂，洗净，入沸水锅焯烫片刻，捞出凉凉；红辣椒去蒂、去子，洗净，切片。

② 香菇、红辣椒同入碗中，放入精盐，腌渍2小时，捞出挤净水分。

③ 蒜末、辣椒粉、白糖、白醋、虾酱、鸡精同放碗中调匀，放入香菇、红辣椒，拌匀腌渍30分钟即成。

营养小典：香菇味道鲜美，香气沁人，营养丰富，素有"植物皇后"的美誉。

主料 金针菇300克，红椒50克。

调料 蒜末、精盐、鸡精、香油各适量。

做法

① 金针菇去根，洗净；红椒洗净，切丝。

② 金针菇、红椒同入沸水锅焯烫1分钟，捞出沥干，加入精盐、鸡精、蒜末、香油拌匀装盘即成。

饮食宜忌：新鲜的金针菇中含有秋水仙碱，食用后容易因氧化而产生有毒的二秋水仙碱，它对胃肠黏膜和呼吸道黏膜有强烈的刺激作用。但秋水仙碱怕热，大火煮十分钟左右就能被破坏，在食用前在冷水中泡1~2小时，也能让一部分秋水仙碱溶解在水里。

红椒拌金针菇

主料 金针菇300克。

调料 葱丝、干辣椒、香油、酱油、精盐、鸡精、食用油各适量。

做法

① 金针菇去根蒂，洗净，切段，入沸水锅煮熟，捞出凉凉，放盘中，撒上葱丝。

② 干辣椒用油炸至呈深褐色，剁细末，放碗中，加香油、精盐、鸡精、酱油调匀，浇在金针菇上，拌匀即成。

营养小典：金针菇适合气血不足、营养不良的老人、儿童、癌症患者、肝脏病及胃、肠道溃疡、心脑血管疾病患者食用。

煳辣金针菇

主料 水发海带丝300克。

调料 酱油、香油、辣椒油、鸡精、精盐、花椒粉、白糖各适量。

做法

① 水发海带丝洗净，入沸水锅煮熟，捞出凉凉，切段。

② 酱油、精盐、鸡精、白糖、辣椒油、花椒粉同入大碗中，调匀成麻辣味汁，倒入海带丝，拌匀，淋上香油，装盘即成。

做法支招：食用海带前，应清洗干净后用水浸泡，浸泡时要不断换水，一般应浸泡6小时以上。

麻辣海带丝

麻辣粉皮

主料 粉皮300克。

调料 辣椒油、花椒粉、香油、白糖、酱油、精盐、鸡精各适量。

做法

1 粉皮洗净，切细丝，盛盘中。

2 辣椒油、花椒粉、香油、白糖、酱油、精盐、鸡精同入小碗中调匀，浇在粉皮上，拌匀即成。

营养小典：粉皮是以豆类或薯类淀粉制成的片状食品。产品为圆形或方形片状。有干、湿两种，粉皮柔润嫩滑、口感筋道，具有开胃健脾的功效。

川北凉粉

主料 豌豆凉粉300克。

调料 酱油、花椒粉、辣椒油、鸡精、精盐、大蒜、冰糖、香油各适量。

做法

1 大蒜去皮，捣成蒜泥，加适量香油、水和精盐调匀成蒜泥汁；冰糖放入酱油中，加热溶化成甜酱油。

2 豌豆凉粉洗净，放碗中，切成小块，加精盐、甜酱油、蒜泥汁、鸡精、花椒粉和辣椒油，拌匀即成。

营养小典：豌豆凉粉色泽洁白，晶莹剔透，嫩滑爽口，润肠通便。

麻辣素鸡

主料 素鸡200克。

调料 花椒粉、辣椒油、酱油、味精、香油、盐各适量。

做法

1 素鸡洗净，入蒸锅蒸熟，取出切成花刀块，装入盘中。

2 将酱油、花椒粉、辣椒油、味精、盐、香油同入碗内，调匀，再浇在素鸡上即可。

做法支招：素鸡蒸熟后切块，有利于麻辣入味。

主料 猪皮200克。

调料 葱花、蒜泥、辣椒油、酱油、味精、醋、香油、糖、盐、花椒粉各适量。

做法

① 将猪皮刮洗干净，煮熟。

② 把猪皮稍凉后用刀切成丝，放入盘内。

③ 加入辣椒油、花椒粉、酱油、盐、味精、醋、香油、糖、葱花、蒜泥拌匀即可。

做法支招：猪皮上面的杂毛可以用小火烧掉。

麻辣拌猪皮

主料 猪肝300克，胡萝卜50克。

调料 蒜片、香油、酱油、醋、盐各适量。

做法

① 将猪肝洗净，经开水烫到断生，捞出控干水分，切花刀。

② 胡萝卜切细丝。

③ 将胡萝卜丝、肝片、酱油、香油、醋、盐、蒜片拌匀后盛入盘中即可。

营养小典：猪肝中铁质丰富，是补血最常用的食物。经常食用动物肝还能补充维生素B$_2$，这对补充机体所需重要的辅酶，完成机体对一些有毒成分的过滤有重要作用。

凉拌猪肝

主料 猪耳朵1个。

调料 香菜段、姜片、葱段、葱丝、辣椒油、糖、酱油、卤包、花椒粉、香油各适量。

做法

① 将猪耳朵烧去细毛，洗净后放入滚水中汆烫约3分钟，捞起沥干。

② 另取一锅，将卤包、葱段、姜片放入锅中，放猪耳朵，小火煮约25分钟，熄火，继续浸泡约10分钟让猪耳朵入味。

③ 捞出猪耳朵，切细片，与葱丝、辣椒油、糖、酱油、花椒粉、香油一起拌匀，点缀香菜段即可。

做法支招：可以购买熟猪耳朵来直接切丝制作。

红油猪耳朵

山椒耳片

主料 猪耳朵250克，西芹、胡萝卜各50克，柠檬25克。

调料 干辣椒、泡椒、野山椒、精盐、鸡精、白醋、花椒、胡椒粉、八角茴香各适量。

做法

① 猪耳朵洗净，放入沸水锅内煮至断生，捞出凉凉，切成薄片；西芹、胡萝卜均洗净，切成菱形片；柠檬切片；野山椒剁碎。

② 锅内放入清水，加八角茴香、胡椒粉、精盐、花椒、干辣椒、野山椒烧沸，倒入盆内凉凉，加白醋、鸡精、泡椒、西芹、胡萝卜、柠檬、猪耳朵，泡制6小时即可。

营养小典：此菜健脾开胃，补钙壮骨。

红油腰片

主料 猪腰250克。

调料 精盐、鸡精、辣椒油、葱花各适量。

做法

① 猪腰洗净，去除腰臊，片成薄片，放入沸水锅余至熟，捞出，投凉沥水。

② 精盐、鸡精、辣椒油调汁，倒入猪腰片，拌匀，装入盘内，撒上葱花即可。

营养小典：猪腰具有补肾气、通膀胱、消积滞、止消渴之功效。可用于治疗肾虚腰痛、水肿、耳聋等症。

辣椒肚丝

主料 熟猪肚150克，尖椒100克。

调料 精盐、鸡精、花椒油、辣椒油各适量。

做法

① 熟猪肚切成丝；尖椒洗净去子，切成丝。

② 熟猪肚丝、尖椒丝倒入大碗内，调入精盐、鸡精、花椒油、辣椒油，拌匀，装盘即可。

营养小典：猪肚含有蛋白质、脂肪、糖类、维生素及钙、磷、铁等，具有补虚损、健脾胃的功效。

手撕牛肉干

主料 牛腿肉500克。

调料 姜蒜末、红油、卤水、醋、辣椒粉、辣椒酱、盐、食用油各适量。

做法

① 将牛肉改刀成方的大块，焯水后，放入卤水中大火煮60分钟，捞起后切成大片。

② 锅放底油，烧至六成热，把姜蒜末爆香，放入辣椒酱、盐、红油、醋、辣椒粉煸炒几下，装入碟中。

③ 锅内倒油烧热，倒入切好的牛肉，浸炸至牛肉表面有微焦状，捞出装盘，佐调味碟蘸食即可。

营养小典：牛肉中的肌氨酸含量比其他任何食品都高，多食牛肉有助于增长肌肉、增强力量。

卤水牛肉

主料 牛肉900克。

调料 卤水500毫升、葱、姜、八角茴香、草果、丁香、桂皮、盐、料酒、酱油各适量。

做法

① 牛肉洗净，将所有材料放入砂锅中。

② 大火烧开，转中火卤至牛肉熟，取出凉凉，切块装盘即可。

做法支招：加入一点点茶叶，可以有淡淡的茶香味。

怪味牛肉

主料 牛肉400克，芝麻酱适量。

调料 精盐、鸡精、酱油、葱段、姜片、白糖、料酒、花椒油、辣椒油各适量。

做法

① 牛肉洗净，入沸水锅氽烫后捞出。

② 净锅上火，倒入水，放入牛肉，调料料酒、葱段、姜片、酱油烧沸，加入精盐，小火煮至肉熟，稍焖，捞起凉凉，切片，放入碗内。

③ 芝麻酱、鸡精、白糖、花椒油、辣椒油调匀，均匀地浇在牛肉上即可。

做法支招：煮牛肉时不要频繁揭盖子，这样不仅会引起温度变化，而且肉中的芳香物质会随着水汽蒸发掉，使香味减少。

辣拌酱牛肉

主料 牛肉600克，花生米10克。

调料 葱段、酱油、辣椒油、糖、花椒粉、味精、盐各适量。

做法

1. 牛肉洗净，切成大块，入开水锅里加酱油煮熟，捞起凉凉后切成薄片；花生米碾成细末。

2. 牛肉片盛入碗内，先用盐调拌，使之入味，再放入辣椒油、酱油、糖、味精、花椒粉搅拌，加入葱段、花生米细末，拌匀盛盘即可。

做法支招：牛肉的纤维比较粗，也可以用手将牛肉撕成丝来吃。

麻辣牛肉百叶

主料 牛肉200克，百叶250克。

调料 葱蒜末、辣椒粉、花椒粉、豆豉、味精、盐、食用油各适量。

做法

1. 百叶切成丁，放入沸水锅烫熟，捞出沥干；牛肉洗净，入锅煮熟，捞出凉凉，切块。

2. 锅中倒油烧热，放入葱蒜末爆香，加入辣椒粉、花椒粉、盐、豆豉、味精翻炒均匀成香辣酱，倒入盛有百叶、牛肉块的大碗中，拌匀装盘即可。

做法支招：如果感觉百叶丁不好切，也可以直接切成条状。

炝拌牛肉

主料 熟牛肉、西红柿各100克，黄瓜、洋葱各50克。

调料 红辣椒、香菜段、糖、柠檬汁、盐各适量。

做法

1. 熟牛肉、洋葱均切成丝；西红柿去子切成条；黄瓜洗净，切丝；红辣椒去子，切丝。

2. 将洋葱丝冲水5分钟后，挤干水分。

3. 将处理好的食材和所有调料拌匀即可。

做法支招：如果选择的是熟的卤牛肉，就不用再放盐了。

主料　牛肉300克，芹菜50克。

调料　辣椒酱、酱油、糖、醋、盐各适量。

做法

① 将牛肉洗净，放入锅中，用水煮至断生即捞出凉凉，切丝。

② 芹菜取茎，焯熟，切成小段。

③ 芹菜放在牛肉丝上，放入各种调料，拌匀即可。

做法支招：芹菜不用汆烫很长时间，只要过一下水就可以。

醋拌牛肉

主料　熟牛百叶200克，青辣椒、红辣椒各20克。

调料　葱白丝、香菜段、辣椒油、米醋、盐、味精各适量。

做法

① 熟牛百叶切成丝；青辣椒、红辣椒去蒂、子，洗净，切成丝；辣椒油、盐、米醋、味精同倒入小碗内，调成料汁。

② 将牛百叶丝、葱白丝、辣椒丝、香菜段一起放碗中，浇上料汁，拌匀即可。

做法支招：做这道菜的时候辣椒油和醋都可以根据自己的口味酌情放。

椒油牛百叶

主料　鸡肫250克，芹菜、滑子菇各25克。

调料　姜片、葱段、花椒、辣椒油、香油、盐、鸡精、料酒各适量。

做法

① 鸡肫去筋膜洗净；芹菜洗净，切段；滑子菇洗净，切条；芹菜、滑子菇均放入沸水锅焯烫片刻，捞出过凉。

② 锅置火上，放入姜片、葱段、花椒、盐、鸡精、料酒和适量水烧沸，放入鸡肫，小火卤10分钟，捞出冷却，切花刀。

③ 鸡肫、芹菜、滑子菇同放碗中，加辣椒油、香油、盐、鸡精拌匀即可。

营养小典：此菜补铁补血，贫血的人可多食。

麻辣鸡肫

冷拌鸡肝

主料 熟鸡肝200克，黄瓜150克。

调料 辣椒油、酱油、醋、盐、味精、香油各适量。

做法

① 熟鸡肝切成片，装碗；黄瓜洗净，切成片，装入鸡肝碗中。

② 辣椒油、盐、酱油、醋、味精、香油同倒入碗内，调成料汁。

③ 将料汁浇在黄瓜片、鸡肝片上，拌匀即可。

做法支招：肝脏是重要的排毒器官之一，要注意清洗干净，且不宜过量食用。

野山椒鸡胗

主料 鸡胗500克。

调料 姜片、葱段、野山椒、花椒、花椒油、料酒、盐、味精各适量。

做法

① 鸡胗洗净，放小碗中，加姜片、葱段、花椒、料酒、盐，入蒸锅隔水蒸熟，取出凉透。

② 将鸡胗切片，野山椒去蒂，同放大碗中，加入花椒油、味精、盐拌匀即可。

做法支招：可以根据自己的口味来增减野山椒的用量。

怪味手撕鸡

主料 鸡胸肉300克。

调料 姜末、葱丝、红油、醋、糖、花椒粉、鸡汤、盐各适量。

做法

① 鸡胸肉洗净后放锅内，倒适量水，煮开，撇去浮沫，中火煮至鸡肉熟透，捞出凉凉，用手撕成细丝。

② 在撕好的鸡丝内，调入红油、盐、糖、醋、花椒粉、姜末、葱丝、鸡汤拌匀即可。

做法支招：鸡肉最好撕得细一些。

主料 小公鸡1只(约800克)，熟芝麻、油酥花生仁、花生酱各25克。

调料 花椒粉、精盐、鸡精、鸡汤、葱花、辣椒油各适量。

做法

① 小公鸡宰杀治净，放入沸水锅中煮至刚熟，捞起凉凉，切条，装盘；油酥花生仁拍碎。

② 将花生酱倒入碗中，加精盐、鸡精、辣椒油、鸡汤、花椒粉、熟芝麻、油酥花生仁碎拌匀，调成麻辣味汁，淋在鸡肉上，撒上葱花即成。

做法支招：应根据个人口味，适度放花椒粉。

口水鸡

主料 凤爪200克，野山椒100克。

调料 干辣椒、姜片、葱段、白醋、精盐、鸡精、料酒、清汤各适量。

做法

① 凤爪洗净，斩去爪尖。

② 锅置火上，倒入清汤，放入精盐、鸡精、料酒、凤爪、野山椒、姜片、葱段、干辣椒、白醋大火烧沸，转小火煮1小时至入味，起锅凉凉，装盘即成。

营养小典：此菜脆香鲜辣，开胃解腻，提神醒脑。

泡椒凤爪

主料 凤冠200克，芝麻、酥花生米各30克。

调料 香菜末、干辣椒、精盐、香油、鸡精、食用油各适量。

做法

① 凤冠洗净，放入沸水锅中煮熟，用刀片成薄片；酥花生米压碎。

② 锅置火上，倒油烧热，放入干辣椒炒成深红色，起锅凉凉，用刀剁碎。

③ 精盐、鸡精、香油、花生碎、芝麻、凤冠、干辣椒、香菜末同入大碗中，拌匀装盘即成。

营养小典：此菜味美可口，营养丰富。

烤椒凤冠

飘香鸭脯

主料 四川腊鸭脯400克，熟白芝麻10克。

调料 鸡精、白糖、辣椒油、花椒油、姜末、葱花各适量。

做法

1. 腊鸭脯用温水洗净，入锅内蒸熟，取出凉透，切片，码入盘中。

2. 鸡精、白糖、辣椒油、花椒油、姜末调匀，浇在鸭脯上，撒入葱花、熟白芝麻即成。

做法支招：腊鸭本身有盐，因此无须另外再加盐了。

麻味鸭翅

主料 鸭翅400克，红椒圈30克。

调料 葱花、姜末、花椒粉、料酒、酱油、味精、糖、清汤、盐、麻油各适量。

做法

1. 将鸭翅洗净，放入开水锅内煮3分钟，捞出沥干。

2. 将鸭翅放入砂锅内，加入葱花、姜末、花椒粉、清汤、料酒、盐、糖、味精、酱油，大火烧沸，转小火加锅盖焖烧45分钟，加入麻油，转大火收干卤汁。

3. 食用时剁成块装盘，撒上红椒圈即可。

做法支招：新鲜鸭翅的外皮色泽白亮或呈米色，富有光泽，肉质富有弹性。

卤水鸭翅

主料 鸭翅500克。

调料 葱、姜、花椒、干辣椒、八角茴香、桂皮、陈皮、酱油、料酒、糖、卤水汁各适量。

做法

1. 鸭翅焯水，用冷水洗净浮沫，放入净锅中，加入干辣椒、葱、姜、桂皮、八角茴香、花椒、陈皮、料酒、酱油、糖、卤水汁和适量水(卤水汁和水的比例为1∶4)，大火烧开，转小火卤40分钟。

2. 关火，不要开盖，再闷30分钟，凉凉，捞出装盘即可。

做法支招：鸭翅上的杂毛可以用镊子拔掉。

主料 鸭舌500克，黄瓜1/2根。

调料 胡椒粉、料酒、生抽、花椒油、姜汁、清汤、盐、味精各适量。

做法

① 鸭舌洗净，入锅，加姜汁、清汤煮熟，捞出。

② 黄瓜洗净，切斜片，码盘；红尖椒切丝。

③ 鸭舌加盐、味精、料酒、胡椒粉、生抽、花椒油拌匀稍腌，摆在黄瓜片上即可。

做法支招：处理鸭舌时注意去除舌膜、舌筋。

凉拌鸭舌

主料 鸭肫500克。

调料 卤水适量。

做法

① 鸭肫去筋膜洗净，放入沸水中氽片刻，捞出，控净水分。

② 净锅置火上，加入卤水，放入鸭肫烧沸，小火煮至熟，浸泡2小时，稍凉后装盘即成。

营养小典：鸭肫味甘、性平、咸，有健胃之效。

卤水鸭肫

主料 鸭肫300克。

调料 蒜泥、葱、姜、卤汁、糖、香油、酱油、食用油各适量。

做法

① 将鸭肫洗净，以开水氽烫1分钟后冲凉备用。

② 锅中倒入卤汁，放入拍破的葱、姜，大火煮沸后转小火煮约5分钟，放入鸭肫，大火煮沸，将火转至最小，维持微滚状态煮30分钟，捞起沥干，切片。

③ 将鸭肫片放碗中，加入蒜泥、糖、香油、酱油，淋入热油，混拌均匀即可。

做法支招：清洗鲜鸭肫时要剥去内壁黄皮。

美味鸭肫

麻辣鸭肫

主料 鸭肫350克，花生末、熟芝麻各10克。

调料 葱花、姜末、蒜末、酱油、味精、辣椒油、麻油、糖、花椒粉、料酒、盐各适量。

做法

① 鸭肫在滚水里焯熟，最好在水里加点料酒、葱、姜、盐，煮10分钟捞出，凉凉后切片。

② 将酱油、味精、盐、辣椒油、花椒粉、麻油、姜末、蒜末、糖、葱花、花生末、熟芝麻全部拌入鸭肫中即可。

做法支招：在制作的时候，酱油可以选择生抽或者海鲜酱油，虽然上色的效果差点，但是味道很鲜美。

银芽鸭肠

主料 鸭肠、绿豆芽各100克。

调料 葱末、干辣椒丝、蒜泥、酱油、鸡精、白糖、红油、花椒粉各适量。

做法

① 鸭肠洗净，放入沸水锅余烫2分钟，捞出沥水，切段；绿豆芽去杂，洗净，放入沸水锅焯烫片刻，捞出沥水，垫在盘底，上面放上鸭肠。

② 红油、干辣椒丝、蒜泥、酱油、花椒粉、白糖、鸡精同入碗中调匀，淋在鸭肠上，撒上葱末即成。

营养小典：鸭肠富含蛋白质、B族维生素、维生素C、维生素A和钙、铁等元素。对人体新陈代谢、神经、心脏、消化和视觉的维护都有很好的作用。

椒麻卤鹅

主料 子鹅300克。

调料 葱叶、花椒、香油、鸡精、盐、卤水、食用油各适量。

做法

① 子鹅洗净，入沸水锅余一下捞起；花椒、葱叶分别洗净，剁碎制成椒麻糊。

② 锅中倒入卤水，大火烧沸，放入子鹅，小火卤90分钟，捞起凉凉，去掉主骨后斩成条，摆盘中。

③ 锅中倒油烧热，熄火，放入椒麻糊、盐、鸡精、香油拌匀，浇在鹅肉上即可。

营养小典：鹅肉的蛋白质含量很高，富含人体必需的多种氨基酸以及多种维生素、矿物质和微量元素，并且脂肪含量很低。

主料 鳝鱼片150克，青椒、红椒各50克。

调料 精盐、鸡精、辣椒油、花椒油各适量。

做法

❶ 鳝鱼片洗净，切丝；青椒、红椒均洗净，切丝。

❷ 锅内倒水烧沸，放入鳝鱼丝汆烫至断生，捞起装盆；青椒、红椒同样焯烫断生，倒入盆内。

❸ 碗中加入精盐、辣椒油、花椒油、鸡精，调成麻辣味汁，倒入盆内，拌匀装盘即成。

饮食宜忌：鳝鱼不宜与南瓜、菠菜、红枣同食。

青椒拌鳝丝

主料 海螺200克，尖椒25克。

调料 葱末、精盐、酱油、鸡精、香油各适量。

做法

❶ 海螺洗净，切片，放入沸水锅中煮熟，捞出凉凉，放盘中；尖椒洗净，去蒂、去子，切末。

❷ 尖椒末、葱末、酱油、香油、精盐、鸡精同放入碗中调匀，浇在海螺片上，拌匀即成。

做法支招：食用螺类应烧煮10分钟以上，以防止病菌和寄生虫感染。

椒蓉螺片

主料 鲜鱿鱼头250克。

调料 葱叶、精盐、酱油、鸡精、花椒、冷鲜汤、香油各适量。

做法

❶ 鱿鱼头洗净，切成薄片，放入沸水锅汆烫至断生，捞出凉凉，装盘；葱叶洗净，与花椒混合剁成椒麻糊。

❷ 精盐、鸡精、酱油、冷鲜汤先调匀成咸鲜味汁，再加入椒麻糊、香油调和成椒麻味汁，淋浇在鱿鱼上，拌匀即成。

饮食宜忌：鱿鱼含胆固醇较多，故高血脂、高胆固醇血症、动脉硬化等心血管病及肝病患者应慎食。

椒麻鱿鱼

PART 2

川湘热炒

剁椒芽白

主料 芽白300克，剁椒10克。

调料 姜末、蒜末、葱花、盐、味精、食用油各适量。

做法

① 将芽白择洗干净，切成大块，沥干水。

② 净锅置大火上，倒油烧热，放入姜末、蒜末、葱花、剁椒煸香，下入芽白，放盐、味精，大火快炒入味，起锅装盘即可。

做法支招：如果想让菜的味道更香浓，可以加入一点儿肉末。

蚝油芽白

主料 净芽白500克。

调料 食用油、精盐、味精、蚝油、胡椒粉各适量。

做法

① 芽白洗净，切条，放入沸水锅焯烫片刻，捞出沥水。

② 炒锅倒油烧热，倒入芽白，加精盐、味精、蚝油，快炒入味，撒胡椒粉拌匀即成。

营养小典：芽白就是大白菜，具有清热除烦、解渴利尿、通利肠胃的功效。

主料 大白菜400克。

调料 精盐、味精、白糖、白醋、花椒油、香油、红油、鲜汤各适量。

做法

❶ 大白菜整片掰下，洗净。

❷ 锅置旺火上，放入鲜汤、精盐、味精、白糖、白醋、红油、花椒油烧开，放入大白菜浸泡入味，待汤汁凉后夹出大白菜，切成宽条，卷好码在碟子上，淋上香油即成。

营养小典：大白菜富含多种维生素、无机盐、纤维素及一定量的糖类、蛋白质、脂肪等营养成分，有"百菜之王"的美誉。

麻辣白菜卷

主料 大白菜400克。

调料 食用油、精盐、味精、香油、红油、干椒末各适量。

做法

❶ 大白菜洗净，放入沸水锅烫熟，与沸水一起出锅倒入大盆中，放置4小时后捞出，切碎，挤干水。

❷ 炒锅倒油烧热，放干椒末煸香，加入烫白菜，放精盐、味精炒匀，淋香油、红油，出锅装盘即成。

做法支招：烹饪大白菜时，用开水焯一下，对保护其中的维生素C很有好处。

干椒炒白菜

主料 大白菜350克，红尖椒50克。

调料 干辣椒、姜末、精盐、酱油、白糖、醋、鸡精、食用油各适量。

做法

❶ 大白菜洗净，切片；红尖椒洗净，切片；干辣椒洗净，切丝。

❷ 锅中倒油烧热，放入干辣椒丝、姜末、红尖椒丝炒香，倒入大白菜翻炒片刻，加入精盐、白糖、酱油、醋、鸡精调味，出锅装盘即成。

做法支招：在烹饪大白菜时，适当放点醋，可以使大白菜中的钙、磷、铁元素分解出来，从而有利于人体吸收。

醋熘辣白菜

剁椒娃娃菜

主料 娃娃菜300克。

调料 剁椒、精盐、白糖、白醋、食用油各适量。

做法

❶ 娃娃菜洗净，撕成小片，放入沸水锅中焯烫至熟，捞出沥水；精盐、白糖、白醋同放入碗中，加入剁椒，搅拌均匀成味汁。

❷ 锅置火上，倒油烧热，放入娃娃菜煸炒片刻，加入味汁炒匀即成。

营养小典：娃娃菜味道甘甜，富含维生素和硒，叶绿素含量较高，具有丰富的营养价值。

手撕包菜

主料 圆白菜400克。

调料 食用油、精盐、味精、陈醋、酱油、蒸鱼豉油、干椒段、蒜片各适量。

做法

❶ 圆白菜撕成碎块，洗净。

❷ 炒锅倒油烧热，放入干椒段炒香，加入蒜片、圆白菜拌炒，烹入蒸鱼豉油，放精盐、味精、陈醋、酱油，快炒入味即成。

营养小典：圆白菜缓急止痛，养胃益脾。

剁椒酸辣包菜

主料 泡酸圆白菜400克。

调料 食用油、精盐、味精、蒸鱼豉油，蒜末、剁椒各适量。

做法

❶ 泡酸圆白菜切块，挤干水。

❷ 净锅置旺火上，倒油烧热，放入剁椒煸香，加入酸包菜，放精盐、味精、蒸鱼豉油、蒜末拌炒入味即成。

营养小典：圆白菜产量高、耐储藏，是四季的佳蔬。西方人认为，圆白菜是菜中之王，它能治百病。

豆瓣卷心菜

主料 卷心菜350克，红尖椒50克。

调料 辣豆瓣酱、蒜片、精盐、鸡精、白醋、白糖、香油、食用油各适量。

做法

❶ 卷心菜洗净，切片，加精盐抓匀腌渍5分钟，冲洗干净，沥水；红尖椒洗净，切片。

❷ 锅中倒油烧热，放入辣豆瓣酱、蒜片、红尖椒片炒香，加入卷心菜片、香油、鸡精、白醋、白糖翻炒均匀即成。

做法支招：卷心菜以结球坚实、包裹紧密、质地脆嫩、色泽黄白、青白者为好。

炝莲花白菜卷

主料 卷心菜400克。

调料 干辣椒、精盐、鸡精、酱油、醋、白糖、食用油各适量。

做法

❶ 卷心菜择去老叶，整张洗净，沥干水；干辣椒洗净切丝，放热油锅里炸片刻，捞出沥油。

❷ 锅中倒油烧热，放入卷心菜快速翻炒，加精盐、酱油、白糖、鸡精炒至断生，加醋炒匀。

❸ 盛出，在每张卷心菜里放几根辣椒丝，卷成卷，盛盘即成。

营养小典：此菜清热除烦，行气祛瘀，消肿散结，通利胃肠。

鱼香油菜心

主料 油菜心350克。

调料 葱姜蒜末、豆瓣酱、精盐、酱油、鸡精、白糖、醋、淀粉、食用油各适量。

做法

❶ 油菜心洗净，切段；豆瓣酱剁细；白糖、醋、精盐、酱油、鸡精、淀粉同入碗中调匀成味汁。

❷ 锅中倒油烧热，放入豆瓣酱、葱姜蒜末，煸炒至出香，放入油菜心炒熟，加入味汁炒匀，出锅装盘即成。

营养小典：油菜中含多种营养素，维生素含量丰富。

辣炒空心菜

主料 空心菜300克，油渣50克，红椒25克。

调料 精盐、醋、食用油各适量。

做法

① 空心菜洗净，取梗，切段；红椒洗净，切丁。

② 锅中倒油烧热，放入空心菜梗、红椒丁翻炒片刻，加入精盐炒熟，加入油渣，烹入醋炒匀，出锅装盘即成。

做法支招：空心菜盛产于夏季，因茎部中空而得名，其清脆空心的咬劲，热炒、氽烫都不错，煮汤也很适合。

清炒苋菜

主料 苋菜500克。

调料 食用油、精盐、味精、蒜蓉、鲜汤各适量。

做法

① 苋菜洗净，沥水。

② 炒锅倒油烧热，放入蒜蓉煸香，倒入苋菜翻炒片刻，加精盐、味精炒匀，倒入鲜汤，大火烧开，改小火煮至汤汁将收即成。

营养小典：苋菜又被称为"长寿菜"。因其富含多种人体需要的维生素和矿物质，且都是易被人体吸收的重要物质。

炒酸萝卜菜

主料 腌酸萝卜菜250克，红尖椒25克。

调料 食用油、精盐、味精、酱油、姜蒜末各适量。

做法

① 腌酸萝卜菜切碎；红尖椒去蒂、去子，洗净，切圈。

② 炒锅点火烧热，放入酸萝卜菜炒干水汽，盛出。

③ 另锅倒油烧热，加入姜蒜末、红尖椒圈炒香，放入酸萝卜菜，放精盐、味精、酱油，炒熟即成。

营养小典：此菜消食，理气，化痰，止咳，清肺利咽，散瘀消肿。

主料　茄子250克，红椒10克。

调料　蒜末、糖、醋、盐、鸡精、食用油各适量。

做法

❶ 红椒洗净，切成圈；茄子洗净去皮，切成长条。

❷ 锅中倒油烧热，放入茄子炸至变色，捞出沥油。

❸ 锅留底油烧热，放入红椒圈、蒜末煸炒片刻，加入鸡精、醋和糖，翻炒几下，放入茄子炒匀，加盐调味即可。

营养小典：茄子的营养丰富，含有蛋白质、脂肪、糖类、维生素以及钙、磷、铁等多种营养成分。

烧茄子

主料　茄子400克。

调料　干辣椒、姜末、酱油、白糖、鸡精、素高汤、食用油各适量。

做法

❶ 茄子洗净，去蒂把，切丝；干辣椒洗净。

❷ 锅中倒油烧热，放入姜末煸香，加入茄丝翻炒片刻，放入酱油、白糖、干辣椒、素高汤，小火烧4分钟，转大火烧至汤汁将干，放入鸡精，炒匀即成。

营养小典：茄子含有较多的皂苷，能降低胆固醇，对预防动脉硬化、高血压、冠心病很有帮助。

辣味茄子

主料　茄子500克。

调料　豆瓣酱、泡椒、白糖、鸡精、食用油各适量。

做法

❶ 茄子洗净，去掉蒂把，纵向一分为二切开，在茄子皮面剞十字花刀，再切段；泡椒剁碎。

❷ 锅置火上，倒油烧热，放入茄子炸至呈金黄色，捞出沥油。

❸ 锅留底油烧热，放入泡椒、豆瓣酱炒香，加入茄花、鸡精、白糖翻炒均匀，起锅装盘即成。

做法支招：茄子切开后，应立即浸入水中，否则茄子会被氧化成褐色。

川酱茄花

豆豉茄丝

主料 嫩茄子500克，红椒丝25克。

调料 豆豉、葱姜丝、蒜泥、干辣椒、酱油、鸡精、白糖、料酒、食用油各适量。

做法

❶ 茄子去蒂，洗净，切丝；干辣椒洗净，切碎。

❷ 锅中倒油烧至三四成热，放入干辣椒炸出红油，捞出干辣椒不用。

❸ 锅中红油烧热，放入豆豉、葱姜丝、红椒丝炒香，倒入茄丝炒熟，加入料酒、酱油、白糖、蒜泥、鸡精和少许水，旺火收汁，装盘即成。

营养小典：经常食用茄子，可使血液中的胆固醇减少，增强微血管的韧性，有很好的保护心血管功能。

霉干菜烧茄子

主料 茄子400克，霉干菜、尖椒各50克。

调料 姜丝、酱油、鸡精、食用油各适量。

做法

❶ 茄子洗净，切条，放入热油锅炸至变软，捞出控油；霉干菜用水泡发，洗净，挤干水分；尖椒洗净，切丝。

❷ 锅中倒油烧热，放入姜丝爆香，加入霉干菜、尖椒丝翻炒至霉干菜变软，倒入茄子，淋上酱油焖至入味，加入鸡精炒匀即成。

饮食宜忌：老茄子特别是秋后的老茄子含有较多茄碱，对人体有害，不宜多吃。

松子茄鱼

主料 茄子400克，熟炸松仁50克。

调料 葱花、剁椒、精盐、鸡精、水淀粉、食用油各适量。

做法

❶ 茄子去皮，竖剖成两半，在每半表面划十字花刀，切块。

❷ 锅中倒油烧熟，放入茄块炸至熟透，滗出余油，放入剁椒、精盐、鸡精炒香，倒入松仁，用水淀粉勾芡，撒葱花即成。

做法支招：茄子适宜的存放温度为7~10℃，最低温也应该在0℃以上。如果温度过低，会破坏植物组织，维生素、氨基酸等成分都会流失，口感也会大打折扣。

主料　茄子500克。

调料　食用油、精盐、鸡精、蒸鱼豉油、陈醋、水淀粉、干椒末、姜蒜末各适量。

做法

❶ 茄子洗净,切片,在上面剞花刀,再切成菱形块;姜蒜末、干椒末、精盐、鸡精、蒸鱼豉油、陈醋、水淀粉调匀,制成姜醋味汁。

❷ 炒锅倒油烧至八成热,倒入茄子炸透,捞出沥油。

❸ 锅留底油烧热,倒入茄子,加入姜醋味汁,翻炒均匀即成。

做法支招:茄子以果形均匀周正,老嫩适度,无裂口、腐烂、锈皮、斑点,皮薄、子少、肉厚、细嫩的为佳品。

姜醋烧茄子

主料　茄子300克,鸡蛋2个,尖椒50克。

调料　葱花、精盐、酱油、香油、五香粉、食用油各适量。

做法

❶ 茄子洗净,去蒂把,切条;鸡蛋磕入碗中打散;尖椒洗净,去蒂,去子,切丁。

❷ 锅中倒油烧热,放入葱花、尖椒炒香,放入茄子翻炒至八成熟,加入五香粉、酱油、精盐,加入鸡蛋液,继续翻炒至鸡蛋熟透,淋少许香油即成。

饮食宜忌:茄子属于寒凉性质的食物。所以夏天食用,有助于清热解暑,对于容易长痱子、生疮疖的人,尤为适宜。

茄子炒蛋

主料　土豆300克,青椒、红椒各10克。

调料　葱花、姜末、醋、盐、味精、食用油各适量。

做法

❶ 土豆去皮洗净,切丁,用清水浸泡20分钟;青椒、红椒均切小片。

❷ 炒锅点火,倒油烧热,放入土豆丁炸至呈金黄色,捞出沥油。

❸ 锅留底油烧热,放葱姜末、辣椒碎片爆香,放入土豆丁,加少许水,调入盐、醋、味精,翻炒均匀即可。

做法支招:土豆在水中泡掉淀粉,可以让口感更加爽脆。

香辣土豆丁

干炒土豆条

主料 土豆400克。

调料 干辣椒、葱花、姜丝、精盐、花椒、生抽、孜然粉、辣椒粉、食用油各适量。

做法

① 土豆去皮,洗净,切条,放在凉水里浸泡10分钟;干辣椒洗净,斜刀切段。

② 锅中倒油烧热,放入土豆条,小火炸至外皮焦脆呈金黄色,捞起沥油。

③ 锅留底油烧热,放入辣椒粉、孜然粉、干辣椒、花椒,小火炸香,放入姜丝爆香,放入炸好的土豆条,调入精盐、生抽,大火煸干水分,撒葱花即可。

营养小典:呵护肌肤、保养容颜。

紫衣薯饼

主料 紫菜75克,土豆300克,熟白芝麻25克。

调料 精盐、食用油、蚝油各适量。

做法

① 土豆去皮,洗净,煮熟,捣成土豆泥,加精盐拌匀;将紫菜剪成小片;将土豆泥用匙铺在紫菜上,在上面再铺一张紫菜。

② 平底锅置火上,倒油烧热,放入薯饼,两面煎至呈金黄色,捞出沥油,摆盘。

③ 另锅倒油烧热,倒入蚝油炒匀至浓稠,淋在薯饼上,撒上熟白芝麻即成。

营养小典:土豆含有丰富的维生素B_1、维生素B_2、维生素B_6和泛酸等B群维生素及大量优质纤维素,还含有微量元素、氨基酸、优质淀粉等营养元素。

椒盐芋头丸

主料 芋头400克,鸡蛋2个(约120克)。

调料 葱花、精盐、鸡精、胡椒粉、花椒粉、淀粉、香油、食用油各适量。

做法

① 芋头去皮,洗净,放入蒸笼蒸熟,取出凉凉,压成泥,加入鸡蛋液、葱花、精盐、鸡精、胡椒粉、淀粉拌匀,挤成丸子。

② 锅中倒油烧热,放入芋头丸子炸至焦酥呈金黄色,捞出沥油,加入花椒粉、香油,装盘即成。

做法支招:将芋头剥皮,放入醋水中煮4~5分钟后捞起泡水,可去除芋头表面的黏液。

主料 鲜嫩玉米粒300克，尖椒150克。

调料 精盐、食用油各适量。

做法

❶ 鲜嫩玉米粒洗净，沥干；尖椒去蒂，去子，洗净，切丁。

❷ 锅中倒油烧热，放入玉米粒炒至断生，加入尖椒丁、精盐炒匀即成。

营养小典：鲜玉米中富含的赖氨酸，是人体必需的营养成分。研究发现，多吃鲜玉米还可抑制抗癌药物对人体产生的不良反应。

尖椒玉米粒

主料 柿子椒300克。

调料 干辣椒、精盐、鸡精、花椒、食用油、香油各适量。

做法

❶ 柿子椒洗净，去蒂，去子，切块，放入碗中，加精盐腌渍10分钟；干辣椒洗净，切段。

❷ 锅中倒油烧热，放入干辣椒段、花椒炒香，放入柿子椒翻炒片刻，放入鸡精，淋入香油，炒匀即成。

营养小典：柿子椒，又叫甜椒、灯笼椒、菜椒。其特有的味道和所含的辣椒素有刺激唾液和胃液分泌的作用，能增进食欲，帮助消化。

炝柿子椒

主料 尖椒300克。

调料 葱姜丝、酱油、醋、糖、味精、盐、食用油各适量。

做法

❶ 将尖椒去蒂，去子，洗净；酱油、葱姜丝、糖、醋、盐放入碗中调匀备用。

❷ 炒锅倒油烧热，下入尖椒煎至两面呈黄棕色，倒入调好的味汁，加盖略焖，撒入味精即可。

做法支招：注意炒的时候火不要过大，以免将尖椒炒煳。

干炒尖椒

虎皮辣椒

主料 尖椒250克。

调料 葱末、盐、味精、食用油各适量。

做法

1. 辣椒去蒂、去子，洗净。
2. 锅内倒油烧热，放入尖椒小火炸至皮皱，捞出沥油。
3. 锅留底油烧热，下入葱末爆香，倒入尖椒翻炒几下，加盐、味精调味即可。

做法支招：尖椒如果觉得比较辣，可以将子去掉后，用水冲一下内瓤。

糖醋泡椒

主料 红泡椒400克。

调料 食用油、精盐、陈醋、白糖、香油、葱段、蒜片各适量。

做法

1. 红泡椒去蒂，洗净，一切两半。
2. 炒锅点火，倒油烧至八成热，放入红泡椒，炸至呈虎皮色，捞出沥油。
3. 锅留底油烧热，放入蒜片炒香，加入红泡椒、白糖、精盐、陈醋，炒至白糖溶化，撒葱段，淋香油即成。

营养小典：泡椒，俗称"鱼辣子"，是川菜中特有的调味料。泡椒具有色泽红亮、辣而不燥的特点。泡椒可以增进食欲，帮助消化吸收。

干烧野鸡红

主料 白萝卜、胡萝卜各150克，芹菜、芽菜各50克。

调料 葱丝、豆瓣酱、精盐、酱油、鸡精、食用油各适量。

做法

1. 白萝卜、胡萝卜均去皮，切丝；芹菜洗净，切段；芽菜剁成末；豆瓣酱剁细。
2. 锅中倒油烧热，放入白萝卜丝、胡萝卜丝快速滑熟，捞出沥油。
3. 锅留底油烧热，放入豆瓣酱、葱丝炒香，倒入白萝卜丝、胡萝卜丝，加入精盐、酱油、芽菜末炒匀，加入芹菜段煸香，放入鸡精炒匀即可。

营养小典：此菜色彩鲜艳，营养丰富。

主料 萝卜干200克，红椒、芽菜各25克。

调料 葱蒜末、白糖、酱油、食用油各适量。

做法

❶ 萝卜干用清水浸泡8小时，洗净，捞出沥干，切丁；红椒洗净，去蒂、去子，切末；芽菜切末。

❷ 锅中倒油烧热，放入红椒末、葱蒜末爆香，加入萝卜干、芽菜、酱油、白糖，翻炒至熟出香味即成。

营养小典：萝卜干含有糖分、蛋白质、胡萝卜素、抗坏血酸等营养成分，以及钙、磷等人体不可缺少的矿物质。

辣炒萝卜干

主料 毛豆300克，萝卜干100克。

调料 干辣椒、糖、盐、食用油各适量。

做法

❶ 毛豆洗净，入锅汆烫至变色，捞出沥干；萝卜干洗净，切丁。

❷ 锅中倒油烧热，放入干辣椒煸香，放入萝卜干翻炒片刻，加入毛豆炒匀，倒入少许水，烧至毛豆熟，加入糖、盐即可。

做法支招：萝卜干要先用凉水泡软，然后挤干净水分再烹饪。

萝卜干炒毛豆

主料 莲藕300克。

调料 干辣椒、花椒、香醋、糖、酱油、盐、鸡精、食用油各适量。

做法

❶ 将莲藕去皮，洗净，切片，洗去淀粉，滤干水。

❷ 将糖、香醋、酱油、鸡精放小碗里混匀。

❸ 锅内倒油烧热，放入干辣椒、花椒爆香，倒入藕片，翻炒 3 分钟，调入香醋、糖、盐炒匀，加入鸡精调味即可。

做法支招：这道酸甜煳辣、爽脆利口的莲藕片既可以做成凉的开胃头菜，也可以热食用作下饭菜。

煳辣藕片

野山椒炝藕片

主料 莲藕350克。

调料 野山椒、干辣椒、花椒、精盐、鸡精、食用油各适量。

做法

① 莲藕去皮，洗净，切片，放入沸水锅中焯熟，捞出沥干；野山椒洗净；干辣椒洗净，切段。

② 锅中倒油烧热，放入野山椒、花椒、干辣椒炒香，加入藕片、精盐、鸡精，快速炒匀即成。

做法支招：炒藕时，往往会变黑，如能边炒边加些清水，就会保持成品洁白。

干炒藕丝

主料 莲藕400克。

调料 干辣椒、葱段、精盐、鸡精、食用油各适量。

做法

① 莲藕洗净，切丝，用清水漂净淀粉，捞出沥干；干辣椒洗净，切段。

② 锅中倒油烧热，放入干辣椒段爆香，倒入藕丝大火煸炒片刻，放入葱段翻炒均匀，加入精盐、鸡精炒匀，出锅装盘即成。

营养小典：中医认为，生食藕能凉血散瘀，熟食能补心益肾，具有滋阴养血的功效，可以补五脏之虚，强壮筋骨，补血养血。

韭菜炒卤藕

主料 莲藕200克，韭菜100克，红椒50克。

调料 干辣椒、葱段、卤水、食用油各适量。

做法

① 莲藕去皮洗净，切块，放入卤水锅中煮熟，取出切条；韭菜洗净，切段；干辣椒洗净，切丝；红椒洗净，去蒂、去子，切丝。

② 锅中倒油烧热，放入干辣椒丝爆香，加入韭菜段、红椒丝翻炒片刻，加入藕条、葱段炒匀，出锅即成。

做法支招：为使去皮的莲藕不变成褐色，将去皮后的藕放在稀醋水中浸泡5分钟后捞起控干，就可使其保持玉白水嫩不变色。

主料 粉皮400克，剁椒50克。

调料 葱花、葱姜酒汁、盐、味精、香油、食用油各适量。

做法

1. 粉皮切成块，洗净后沥干。
2. 炒锅倒油烧热，放入剁椒煸香，加入粉皮、葱姜酒汁、盐、味精、香油，炒匀装入盘中，撒上葱花即可。

做法支招：粉皮以色绿、透明、富有弹性、拉力强者为佳。

剁椒粉皮

主料 泡菜、粉条各200克，红椒50克。

调料 葱花、精盐、生抽、白糖、食用油各适量。

做法

1. 泡菜切粗丝；粉条用热水泡软，再用冷水浸泡片刻，捞出沥水；红椒洗净，去蒂、去子，切丝。
2. 锅中倒油烧热，放入葱花爆香，放入泡菜炒香，加入粉条、红椒丝、精盐、生抽、白糖，翻炒片刻，加少许水煮至收汁起锅即成。

营养小典：此菜味道咸酸，香味扑鼻，开胃提神，醒酒去腻。

泡菜炒粉条

主料 扁豆300克。

调料 蒜蓉、干辣椒丝、豆豉、香油、盐、味精、食用油各适量。

做法

1. 扁豆清洗干净，切丝。
2. 锅内倒油烧热，下入蒜蓉、豆豉、干辣椒丝煸香，加入扁豆，入盐、味精拌炒入味至熟，淋少许香油即可。

饮食宜忌：扁豆含有蛋白质、糖类，还含有毒蛋白、凝集素以及能引发溶血症的皂素。所以扁豆一定要煮熟以后才能食用，否则可能导致食物中毒。

豆豉炒扁豆

干煸豆角

主料 豆角300克。

调料 干辣椒、酱油、糖、盐、鸡精、食用油各适量。

做法

① 将豆角择净筋，切成段。

② 锅内倒油烧至五成热，下入豆角，用小火炸熟，捞出沥干油。

③ 锅中留少许油，下入干辣椒稍炸一下，下入豆角、酱油、糖、盐一起煸炒，出锅前加入鸡精，炒匀即可。

做法支招：用油炸豆角时，一定要用小火，火太大，豆角外面已经炸糊，而里面还没有熟，容易中毒。

鱼香四季豆

主料 四季豆400克。

调料 干辣椒、豆瓣酱、葱姜蒜末、料酒、酱油、白糖、食用油各适量。

做法

① 四季豆洗净，去头、去尾、去筋，斜刀切丝；干辣椒洗净，切段。

② 锅中倒油烧热，放入葱姜蒜末、豆瓣酱、干辣椒段爆香，放入豆角丝炒匀，倒入酱油、料酒，加白糖和适量水翻炒均匀，烧煮至豆角熟透即成。

营养小典：四季豆性甘、淡、微温，归脾、胃经，有调和脏腑、安养精神、益气健脾等功效。

椒麻四季豆

主料 四季豆350克，橄榄菜50克。

调料 干辣椒、蒜末、精盐、生抽、花椒、花椒粉、食用油各适量。

做法

① 四季豆择去两头老筋，洗净，掰成段；干辣椒洗净，切段。

② 锅中倒油烧热，放入花椒、干辣椒段、蒜末煸香，倒入四季豆，大火炒干水分，淋入生抽，加入精盐，撒上花椒粉和橄榄菜，翻炒均匀即成。

做法支招：烹煮四季豆的时间宜长不宜短，要保证四季豆熟透，否则会发生中毒。

主料 荷兰豆200克，荸荠、素鱿鱼花各50克。

调料 葱姜末、豆豉酱、精盐、鸡精、白糖、食用油各适量。

做法

❶ 荷兰豆去筋洗净，一切为二；荸荠去皮洗净，切片；素鱿鱼花洗净。

❷ 锅中倒油烧热，放入葱姜末、豆豉酱爆香，加入荷兰豆、荸荠、素鱿鱼花翻炒至熟，加入精盐、白糖、鸡精调味即成。

营养小典：荷兰豆系指豌豆中的软荚豌豆，又称食荚豌豆。荷兰豆对增强人体新陈代谢功能有十分重要的作用。

马蹄荷兰豆

主料 荷兰豆100克，玉米粒300克，红椒50克。

调料 蒜末、精盐、鸡精、食用油各适量。

做法

❶ 荷兰豆去筋，洗净，一切两半；红椒洗净，切块；玉米粒洗净，放入沸水锅煮熟，捞出沥水。

❷ 锅中倒油烧热，放入蒜末爆香，加入荷兰豆翻炒片刻，放入玉米粒、红椒翻炒均匀，加入精盐、鸡精调味，出锅装盘即成。

做法支招：荷兰豆不宜炒得时间太长，应大火迅速爆炒，否则炒得太软烂，就没有清脆的口感了。

三彩素菜

主料 凉粉200克，酸豇豆150克。

调料 葱花、蒜末、干辣椒、酱油、精盐、食用油各适量。

做法

❶ 凉粉切条；酸豇豆冲洗干净，浸泡30分钟，捞出沥干，切丁；干辣椒洗净，切碎。

❷ 锅中倒油烧热，放入蒜末、干辣椒末炒香，加入酸豇豆翻炒片刻，放入凉粉、精盐翻炒均匀，加入酱油，撒上葱花，炒匀起锅即成。

做法支招：买来的酸豆角要清洗干净，以免影响口味。

泡豇豆炒凉粉

腰豆西蓝花

主料 西蓝花300克，红腰豆100克。

调料 干辣椒、花椒、精盐、鸡精、食用油各适量。

做法

① 西蓝花洗净，撕成小朵，放入沸水锅中焯烫片刻，捞出沥水；干辣椒洗净，去蒂、子，切段；红腰豆浸泡12小时，入锅煮熟。

② 锅中倒油烧热，放入花椒、干辣椒爆香，放入西蓝花、红腰豆，快速翻炒，加入精盐、鸡精炒匀，出锅即成。

做法支招：将西蓝花撕成小朵，浸泡在盐水中约5分钟，可去除菜上的灰尘及虫害。

脆炒黄瓜皮

主料 黄瓜350克。

调料 蒜末、精盐、鸡精、陈醋、辣椒粉、食用油各适量。

做法

① 黄瓜洗净，从中间顺长剖开，去子，切条，加入陈醋、精盐、鸡精腌渍30分钟，拣出瓜条，切丁。

② 锅中倒油烧热，放入蒜末、辣椒粉爆香，倒入黄瓜丁，煸炒片刻，加精盐、鸡精调味即成。

做法支招：新摘的黄瓜带刺、挂白霜、鲜绿、有纵棱的是嫩黄瓜，条直、粗细均匀的黄瓜肉质好。

木耳炒黄瓜

主料 水发木耳、黄瓜各150克，尖椒50克。

调料 葱姜蒜末、精盐、鸡精、白糖、水淀粉、食用油各适量。

做法

① 黄瓜去皮、去子，洗净，切片；水发木耳洗净，撕成小朵；尖椒洗净，切圈。

② 锅中倒油烧热，放入葱姜蒜末炒香，放入木耳、黄瓜、尖椒圈，加入精盐、白糖、鸡精，翻炒片刻，加入少许水淀粉，翻炒均匀即成。

营养小典：此菜滋阴养阴，清热消署、开胃美容。

主料　嫩丝瓜300克，红尖椒50克。

调料　葱段、姜丝、精盐、鸡精、料酒、高汤、食用油各适量。

做法

❶ 嫩丝瓜去瓤，洗净，切片；红尖椒洗净，去蒂、去子，切片。

❷ 锅中倒油烧热，放入葱段、姜丝、红尖椒片炝香，放入丝瓜片翻炒片刻，加入精盐、料酒、鸡精、高汤翻炒均匀，出锅盛盘即成。

营养小典：丝瓜中含防止皮肤老化的维生素B₁、维生素E，增白皮肤的维生素C等成分，能保护皮肤，消除斑块，是不可多得的美容佳品。

炒辣味丝瓜

主料　丝瓜250克，毛豆仁100克。

调料　剁椒、葱末、料酒、蚝油、白糖、食用油各适量。

做法

❶ 丝瓜去皮，洗净，切块，浸入凉水中以防氧化变黑；毛豆仁洗净，放入沸水锅中焯烫至变色，捞出沥水。

❷ 锅中倒油烧热，放入葱末、剁椒炒香，加入料酒、蚝油、白糖翻炒均匀，放入丝瓜、毛豆仁炒熟即成。

营养小典：鲜丝瓜有清热凉血、利肠道的功能。对于血热便血、痔疮出血、大肠燥结、大便不利有很好的治疗功效。

湘味烧丝瓜

主料　苦瓜300克。

调料　小米辣椒、蒜片、糖、醋、香油、盐、食用油各适量。

做法

❶ 苦瓜去蒂，对半切开，去瓤，切片；小米辣椒切丁。

❷ 锅中倒水烧沸，放入苦瓜焯烫片刻，捞出沥水。

❸ 锅中倒油烧热，放入苦瓜爆炒3分钟，加入盐、糖、醋、香油炒匀，盛出装盘，用原锅爆香小米辣椒和蒜片，浇在苦瓜上即可。

做法支招：苦瓜要选择表面没有伤疤、新鲜的。

辣味苦瓜

老干妈煎苦瓜

主料 苦瓜300克。

调料 蒜片、老干妈豆豉、高汤、盐、食用油各适量。

做法

① 苦瓜对半剖开，挖去子，洗净，切块，入沸水锅焯烫1分钟，捞出沥干。

② 炒锅倒油烧热，放入苦瓜块煎至表面呈金黄色，捞出。

③ 锅留底油烧热，下入蒜片、豆豉煸香，放入苦瓜翻炒几下，加入盐、高汤，大火烧开，转中小火焖至汤汁收干即可。

营养小典：苦瓜具有清热败火的功效，经常上火长痘痘的人食用可以有很好的败火效果。

农家煎苦瓜

主料 苦瓜500克，霉干菜20克。

调料 食用油、精盐、鸡精、蚝油、水淀粉、干椒末、鲜汤各适量。

做法

① 苦瓜洗净，去瓤，切块；霉干菜洗净，剁碎。

② 炒锅点火，倒油烧熟，放入苦瓜，煎至苦瓜呈金黄色，加入霉干菜、干椒末、精盐、鸡精、蚝油，倒入鲜汤，至汤汁收浓，用水淀粉勾芡即成。

做法支招：苦瓜炒至断生即可，火候不易过大，否则营养素会被破坏。

糖醋苦瓜

主料 苦瓜300克，红尖椒50克。

调料 葱姜末、酱油、精盐、白糖、醋、食用油各适量。

做法

① 苦瓜去蒂，切成两半，去子，洗净，切片，加精盐腌渍片刻，去除水分；红尖椒洗净，切段。

② 锅中倒油烧热，加入葱姜末、红尖椒段爆香，倒入苦瓜片，旺火爆炒2分钟，加入酱油、精盐、白糖、醋，再旺火煸炒2分钟，出锅即成。

营养小典：此菜清暑涤热，明目解毒。

主料 苦瓜300克，霉干菜50克。

调料 葱丝、蒜片、精盐、鸡精、食用油各适量。

做法

❶ 苦瓜洗净，去瓤，切片，放入盐水中浸泡30分钟，捞出沥水；霉干菜用温水泡发，洗净。

❷ 锅中倒油烧热，放入葱丝、蒜片爆香，加入苦瓜翻炒片刻，加入霉干菜，调入精盐、鸡精炒匀即成。

营养小典：苦瓜中的苦瓜皂苷被称为"植物胰岛素"，有明显的降血糖作用，还可延缓糖尿病继发白内障的发生。

霉菜苦瓜

主料 冬瓜350克，青椒、红椒各25克。

调料 香葱段、豆瓣酱、精盐、酱油、白糖、鸡精、食用油各适量。

做法

❶ 冬瓜去皮、去瓤，洗净，切片，入沸水锅中焯烫至软，捞出沥水；青椒、红椒均洗净，切丝；豆瓣酱、酱油、白糖同放碗中调成味汁。

❷ 锅中倒油烧热，放入青椒丝、红椒丝、香葱段炒香，加入味汁炒匀，倒入冬瓜片、精盐、鸡精，翻炒均匀，起锅装盘即成。

营养小典：冬瓜中含有多种维生素和人体必需的微量元素，可调节人体的代谢平衡，能养胃生津，清降胃火。

回锅冬瓜

主料 冬瓜、南瓜、水发木耳、芥蓝、胡萝卜、红椒各75克。

调料 葱花、姜末、精盐、鸡精、料酒、食用油各适量。

做法

❶ 冬瓜、南瓜均去皮，洗净，切块，上蒸锅蒸熟；水发木耳洗净，撕成小朵；芥蓝、胡萝卜均洗净，切片；红椒洗净，切条。

❷ 锅中倒油烧热，放入葱花、姜末炒香，加入冬瓜、南瓜、木耳、芥蓝、胡萝卜、红椒炒熟，加入精盐、鸡精、料酒炒匀即成。

营养小典：冬瓜低热量、低脂肪、含糖量极低，是糖尿病患者的理想蔬菜。

什锦炒冬瓜

辣炒葫芦瓜

主料 嫩葫芦400克，朝天椒25克。

调料 葱花、精盐、鸡精、生抽、米醋、食用油各适量。

做法

① 嫩葫芦洗净，去蒂，切片；朝天椒洗净，切圈。

② 锅中倒油烧热，放入朝天椒炒香，放入葫芦片翻炒片刻，加入精盐、鸡精、生抽、米醋调味，撒入葱花，炒匀装盘即成。

营养小典：葫芦性平，味甘淡，利水通淋，治黄疸、水肿、腹胀、淋病。

番茄汁茭白

主料 茭白300克，玉米粒、豌豆各25克。

调料 番茄酱、精盐、姜片、白糖、鸡精、食用油各适量。

做法

① 茭白剥皮，洗净，切片；玉米粒、豌豆均去杂洗净，放入沸水锅中焯烫片刻，捞出沥干。

② 锅中倒油烧热，放入姜片爆香，加入茭白、豌豆、玉米粒翻炒至茭白八成熟，倒入适量番茄酱，加入少许水、精盐、白糖、鸡精，快速翻炒至番茄汁裹匀茭白，出锅装盘即成。

营养小典：此菜清热除烦，止渴，润肠通便。

辣炒茭白毛豆

主料 茭白300克，嫩毛豆、青椒、红椒各25克。

调料 葱姜末、酱油、鸡精、白糖、食用油各适量。

做法

① 茭白削去外皮，切去老根，放入沸水锅中焯烫片刻，捞出，切丁；青椒、红椒均洗净，去蒂、去子，切丁；嫩毛豆洗净，入冷水锅煮10分钟，捞出沥水。

② 锅中倒油烧热，放入葱姜末煸香，加入茭白、毛豆、青椒、红椒、酱油、白糖、鸡精煸炒入味即成。

做法支招：茭白在烹饪前要先用沸水焯一下，以除去其中的草酸。

主料 莴笋尖300克。

调料 食用油、精盐、味精、水淀粉、蒜末、鲜汤各适量。

做法

❶ 莴笋尖洗净，放入沸水锅焯烫片刻，捞出沥水，装盘。

❷ 净锅置旺火上，倒油烧热，加蒜末煸香，倒入鲜汤，加入精盐，大火烧开，用水淀粉勾芡，加味精调味，淋在莴笋尖上即成。

营养小典：莴笋中含有微量元素锌、铁，特别是铁元素很容易被人体吸收，经常食用，可以防治缺铁性贫血。

蒜蓉笋尖

主料 芦笋250克，百合、南瓜、红尖椒各50克。

调料 姜丝、精盐、鸡精、白糖、食用油各适量。

做法

❶ 芦笋洗净，切段；南瓜去皮、去瓤，洗净，切片；百合洗净，掰瓣；红尖椒洗净，切条。

❷ 芦笋、百合均入沸水锅中焯烫片刻，捞出，投凉沥水。

❸ 锅中倒油烧热，放入姜丝爆香，放入南瓜翻炒片刻，加少许水煮至南瓜八成熟，放入芦笋、百合、红尖椒翻炒片刻，加入精盐、白糖、鸡精调味，出锅即成。

营养小典：芦笋含多种维生素和微量元素，配以具有护肤功效的百合，既营养又美容。

芦笋鲜百合

主料 新鲜蚕豆350克，红椒25克。

调料 精盐、酱油、鸡精、姜末、醋、白糖、香油、食用油各适量。

做法

❶ 新鲜蚕豆剥好洗净；红椒洗净，切丁；香油、酱油、醋、白糖、精盐、鸡精、姜末、红椒丁同倒入小碗中对成鱼香味汁。

❷ 锅中倒油烧热，放入蚕豆翻炒至外皮略酥，倒入鱼香味汁，烧至蚕豆入味，出锅即成。

营养小典：蚕豆中含有大量蛋白质，在日常食用的豆类中仅次于大豆，还含有大量钙、钾、镁、维生素C等，并且氨基酸种类较为齐全，特别是赖氨酸含量丰富。

鱼香蚕豆

杞子白果炒木耳

主料 水发木耳、白果各150克，红椒片、枸杞子各25克。

调料 葱姜末、精盐、鸡精、胡椒粉、食用油各适量。

做法

❶ 水发木耳、白果均洗净，同入沸水锅焯熟后捞出。

❷ 锅中倒油烧热，放入葱姜末煸香，加入木耳、白果、红椒片、枸杞子翻炒片刻，加精盐、鸡精、胡椒粉翻炒均匀，起锅即成。

饮食宜忌：白果食用过量可致中毒，会表现出呕吐、腹痛、腹泻、发热、发绀，甚至出现恐惧、怪叫、昏迷、抽搐等神经系统症状。

豆辣炒榨菜

主料 新鲜榨菜300克。

调料 食用油、精盐、鸡精、酱油、蚝油、干椒段、姜蒜末、豆豉各适量。

做法

❶ 新鲜榨菜洗净，切段。

❷ 炒锅倒油烧热，放入姜蒜末、干椒段、豆豉、精盐炒香，加入榨菜炒匀，调入鸡精、蚝油、酱油，加少许水，翻炒至榨菜熟透即成。

营养小典：榨菜是中国的名特产之一，与欧洲的酸黄瓜、德国的甜酸甘蓝并称为"世界三大名腌菜"。

素炒黄豆芽

主料 黄豆芽300克，尖椒50克。

调料 姜末、精盐、香油、食用油各适量。

做法

❶ 黄豆芽去根，洗净，放入沸水锅焯烫片刻，捞起凉凉；尖椒洗净，切丝。

❷ 锅中倒油烧热，放入姜末爆香，加入尖椒丝、黄豆芽翻炒均匀，调入精盐、香油，炒匀装盘即成。

营养小典：此菜清热解毒，提高机体免疫力。

主料 豆腐皮、绿豆芽各200克。

调料 香菜段、葱姜丝、精盐、味精、香油、食用油各适量。

做法

❶ 绿豆芽洗净，控水；豆腐皮切丝。

❷ 锅中倒油烧热，放入葱姜丝煸香，放入豆腐皮、绿豆芽翻炒至绿豆芽熟，放入香菜段、精盐、味精、香油调味即可。

做法支招：可以把绿豆芽换成黄豆芽，加花椒油调味，一样会很好吃。

豆芽炒腐皮

主料 口蘑、花菇各150克，红椒30克。

调料 水淀粉、酱油、糖、料酒、高汤、味精、盐、食用油各适量。

做法

❶ 口蘑、花菇均洗净，切片；红椒洗净切段。

❷ 锅内倒油烧热，放入红椒翻炒几下，下花菇片、口蘑片继续翻炒，加料酒、糖、酱油煸炒至入味，加入高汤烧沸，放味精、盐，用水淀粉勾芡即可。

做法支招：不喜欢蘑菇特有的味道的人，可以用开水将蘑菇汆烫一下后再烹制。

口蘑炒花菇

主料 丝瓜、草菇各200克。

调料 葱段、精盐、鸡精、料酒、胡椒粉、水淀粉、食用油各适量。

做法

❶ 草菇洗净，放入沸水锅中焯烫片刻，捞出沥水；丝瓜去皮，切块。

❷ 锅中倒油烧热，放入丝瓜滑炒片刻，捞出沥油。

❸ 锅留底油烧热，放入草菇、丝瓜、料酒、鸡精、精盐、胡椒粉烧至入味，放入葱段，用水淀粉勾芡，起锅装盘即成。

营养小典：丝瓜青绿，草菇鲜嫩，营养丰富，味道鲜美。

草菇烧丝瓜

五宝鲜蔬

主料 菜胆、水发木耳、胡萝卜、草菇、口蘑各100克。

调料 精盐、水淀粉、鸡精、食用油各适量。

做法

1. 菜胆掰开，洗净；水发木耳洗净，撕成小朵；草菇、口蘑均洗净，切片，放入沸水锅焯烫片刻，捞出沥水；胡萝卜洗净，切片。

2. 锅中倒油烧热，放入菜胆翻炒片刻，加入精盐、鸡精调味，出锅摆在盘底。

3. 锅中倒油烧热，放入胡萝卜片、木耳、口蘑、草菇翻炒均匀，加入精盐调味，用水淀粉勾芡，盛到菜胆上即成。

做法支招：用口蘑制作菜有时可不用鸡精调味。

醋浸尖椒鸡腿菇

主料 尖椒、鸡腿菇各200克，烤松仁25克。

调料 姜末、精盐、酱油、鸡精、陈醋、蜂蜜、食用油各适量。

做法

1. 尖椒去蒂，洗净，切段；鸡腿菇洗净；烤松仁、姜末、酱油、精盐、陈醋、鸡精、蜂蜜同入碗中调匀成味汁。

2. 锅中倒油烧热，放入尖椒段煎至外皮呈虎皮状，盛出沥油。

3. 锅留底油烧热，放入鸡腿菇煸炒片刻，加入精盐炒至将熟，放入尖椒翻炒片刻，倒入味汁炒匀即可。

营养小典：这道菜益脾胃，助消化，降脂。

金玉满堂

主料 小黄瓜、圣女果、玉米粒、鲜香菇、韧豆腐各100克。

调料 精盐、鸡精、食用油各适量。

做法

1. 小黄瓜洗净，切丁；圣女果洗净，切丁；鲜香菇洗净，切丁；韧豆腐洗净，切块。

2. 锅中倒油烧热，放入玉米粒翻炒片刻，加入少许水煮2分钟，依次放入香菇、韧豆腐、小黄瓜、圣女果翻炒片刻，加入精盐、鸡精调味，出锅即成。

营养小典：此菜瘦身，美容。

主料　鲜玉米粒250克，腰果、黄瓜、胡萝卜各50克。

调料　姜末、精盐、鸡精、食用油各适量。

做法

❶ 鲜玉米粒洗净，入锅煮熟，捞出沥水；黄瓜、胡萝卜均洗净，切丁。

❷ 腰果入热油锅略炸至变色，捞出沥油。

❸ 锅中倒油烧热，放入姜末爆香，倒入胡萝卜丁炒至八成熟，放入玉米粒、腰果、黄瓜丁翻炒片刻，加入精盐、鸡精调味即成。

营养小典：玉米胚尖所含的营养物质可增强人体新陈代谢，使皮肤细嫩光滑，抑制和延缓皱纹的产生。

腰果玉米

主料　玉米笋350克，蚕豆、胡萝卜各25克。

调料　葱姜末、精盐、白糖、鸡精、食用油各适量。

做法

❶ 胡萝卜去皮，洗净，切条；玉米笋、蚕豆均洗净。

❷ 锅中倒油烧热，放入葱姜末爆香，放入玉米笋、蚕豆、胡萝卜条炒匀，倒入适量水焖5分钟，加入精盐、鸡精、白糖调味，烧至汤汁略收干，出锅即成。

营养小典：此菜温中益气，健脾益胃，清热利湿。

蚕豆玉米笋

主料　干笋衣150克，青椒、红椒各25克。

调料　蒜泥、糖、盐、味精、食用油各适量。

做法

❶ 将干笋衣加冷水放入盆中浸泡2小时，洗净沥水后切丝；青椒、红椒洗净，切丝。

❷ 锅内倒油烧热，将蒜泥炒香，投入笋丝翻炒片刻，加盐、糖及适量水焖烧一下，再加入青、红椒丝翻炒，下入味精炒匀即可。

营养小典：干笋衣富含纤维素和多种维生素，有益胃理气、清热通痰的功效。

辣椒笋衣

菜椒笋尖

主料 新鲜竹笋尖300克，青椒100克。

调料 酱油、鸡精、白糖、食用油各适量。

做法

1. 新鲜竹笋尖去壳，洗净，切成薄片；青椒去蒂、去子，洗净，切块。

2. 锅中倒油烧热，放入竹笋尖煸炒，边煸边淋少许水，炒至竹笋尖八成熟，倒入酱油、白糖、鸡精调味，放入青椒翻炒片刻，出锅即成。

营养小典：此菜补肾益精，养血润燥，利水益气。

干煸冬笋

主料 嫩冬笋尖300克，红椒、青椒各15克。

调料 盐、味精、食用油各适量。

做法

1. 冬笋、红椒、青椒均洗净，切成条。

2. 锅中倒油烧热，投入冬笋条炸至出水后捞出，待锅中油温上升，再炸至焦黄，捞出沥油。

3. 锅留底油烧热，加入冬笋翻炒片刻，加青椒、红椒、盐和味精炒熟即可。

做法支招：冬笋的味道鲜美，注意炸的时候不要炸焦了。

腐乳冬笋

主料 冬笋350克，青椒丝、红椒丝各25克。

调料 腐乳汁、精盐、鸡精、食用油各适量。

做法

1. 冬笋洗净，切片，放入沸水锅中，加少许精盐，焯烫至熟，捞出沥水。

2. 锅中倒油烧热，倒入腐乳汁，投入冬笋片、青椒丝、红椒丝，加精盐、鸡精翻炒均匀，出锅即成。

营养小典：冬笋是一种高蛋白、低淀粉食品，对肥胖症、冠心病、高血压、糖尿病和动脉硬化等患者有一定的食疗作用。

主料　冬笋200克，干香菇、青椒各50克。

调料　酱油、白糖、料酒、郫县豆瓣、辣酱、鸡精、水淀粉、食用油各适量。

做法

❶ 冬笋洗净，切丁，放入沸水锅焯烫后捞出，投凉沥水；干香菇泡发，去蒂，切丁；青椒洗净，去蒂、去子，切丁。

❷ 锅中倒油烧热，放入冬笋丁、青椒丁煸炒片刻，加入郫县豆瓣、辣酱、香菇、酱油、白糖、料酒炒匀，倒入适量水烧沸，加入鸡精、水淀粉，炒匀装盘即成。

营养小典：冬笋所含的多糖物质，具有一定的抗癌作用。

香菇炒冬笋

主料　净春笋200克，霉干菜10克。

调料　食用油、精盐、味精、酱油、红油、干椒段、葱花、姜蒜末各适量。

做法

❶ 净春笋切片，装碗中，入笼蒸至断生，取出。

❷ 炒锅倒油烧热，放入春笋片煎至金黄色捞出。

❸ 另锅倒油烧热，放入干椒段、姜蒜末煸香，加入春笋、霉干菜、精盐、味精、酱油拌炒入味，倒入少许水，焖至汤汁收干，撒葱花，淋红油即成。

营养小典：清热解毒，降脂降压，减肥瘦身。

外婆煎春笋

主料　手刨笋250克，酸菜50克。

调料　食用油、精盐、味精、香油、干椒段、葱花各适量。

做法

❶ 手刨笋洗净，切碎，挤干水分；酸菜切碎。

❷ 锅置火上，倒油烧热，放入干椒段、手刨笋拌炒，放精盐、味精、酸菜合炒，入味后淋香油，撒葱花，出锅装入盘中。

营养小典：此菜滋阴凉血、和中润肠、清热化痰、解渴除烦。

酸菜炒手刨笋

水豆豉苦笋

主料 苦笋400克。

调料 水豆豉、干辣椒、花椒、葱花、姜末、精盐、鸡精、香油、食用油各适量。

做法

1. 苦笋去皮，切丁，放入沸水锅小火煮30分钟，捞出，用清水泡去苦味；干辣椒洗净，切段。

2. 锅中倒油烧热，放入干辣椒、花椒、姜末、水豆豉炒香，加入苦笋丁、精盐、鸡精、香油炒匀，撒上葱花，起锅即成。

营养小典：苦笋又名甘笋、凉笋，它含有丰富的纤维素，能促进肠蠕动，从而缩短胆固醇、脂肪等物质在体内的停留时间，有减肥和预防便秘、结肠癌等功效。

如意节节高

主料 青尖椒、红尖椒各50克，竹笋尖300克。

调料 辣酱、白糖、生抽、鸡精、食用油各适量。

做法

1. 竹笋尖洗净，切片；青尖椒、红尖椒均洗净，切片。

2. 锅中倒油烧热，放入笋片翻炒至略呈金黄色，放入青尖椒、红尖椒快速炒匀，加入生抽、白糖、辣酱、鸡精翻炒片刻，淋入少许水，翻炒2分钟即成。

营养小典：食用竹笋不仅能促进肠道蠕动，帮助消化，去积食，防便秘，还有预防大肠癌的功效。

子姜魔芋

主料 魔芋300克，子姜、水发木耳各50克。

调料 豆瓣酱、精盐、姜片、蒜片、酱油、鸡精、淀粉、香油、食用油各适量。

做法

1. 子姜洗净，切薄片，撒上精盐腌渍10分钟，滗去盐水；魔芋洗净，切片；水发木耳洗净，撕成小朵；豆瓣酱剁细；酱油、精盐、鸡精、淀粉调拌成味汁。

2. 锅中倒油烧热，放入魔芋片，翻炒片刻，盛出。

3. 锅中倒油烧热，放入豆瓣酱炒出红色，放入蒜片炒香，加入姜片、魔芋、木耳翻炒片刻，烹入味汁，淋入香油，起锅装盘即成。

营养小典：此菜降血脂，降血压，减肥瘦身。

主料 日本豆腐250克,洋葱、青椒、红椒各25克。

调料 蚝油、盐、食用油各适量。

做法

❶ 日本豆腐切小块；青椒、红椒、洋葱分别洗净，切小块。

❷ 锅内倒油烧热，放入日本豆腐煎至金黄色，捞出沥油。

❸ 锅留底油烧热，放入洋葱、青椒、红椒翻炒均匀，加入盐、蚝油、少许水，待汤汁煮开后，倒入豆腐推炒均匀即可。

营养小典：洋葱不含脂肪，其精油中还含有可降低胆固醇的含硫化合物的混合物，是减重瘦身的好食材之一。

双椒日本豆腐

主料 嫩豆腐400克。

调料 蒜末、姜末、酱油、糖、醋、豆瓣酱、食用油各适量。

做法

❶ 蒜末、姜末、酱油、糖、醋同入碗中，拌匀成料汁。

❷ 将豆腐切成小块，下油锅炸至金黄。

❸ 锅留底油烧热，爆香姜末和蒜末，加入豆瓣酱炒香，加入少许水，下豆腐翻炒至变色，加入调料汁翻炒至豆腐均匀包裹上色，汤汁收浓，起锅即可。

做法支招：可以先将嫩豆腐放在案板上，用一个装满水的容器压在上面10分钟，挤出豆腐的水分，否则炒出来汤汁太多，影响口感。

鱼香豆腐

主料 豆腐、莴苣各200克。

调料 姜末、辣椒酱、精盐、鸡精、食用油各适量。

做法

❶ 豆腐洗净，切块，放入热油锅煎成金黄色，盛出；莴苣去皮，洗净，头部切块，叶子切段。

❷ 锅中倒油烧热，放入辣椒酱、姜末爆香，加入莴苣块翻炒片刻，放入豆腐，调入精盐、鸡精炒匀，加入莴苣叶翻炒片刻，出锅即成。

做法支招：在选购豆腐时，可在阳光下直接观察豆腐的颜色，优质豆腐是均匀的乳白色或微黄色，稍有光泽。

翡翠豆腐

干煎老豆腐

主料 老豆腐300克，红尖椒、生菜各15克。

调料 葱末、酱油、糖、鸡精、盐、食用油各适量。

做法

① 老豆腐切块；红尖椒切成圈；生菜洗净，沥干水分，铺在碗底。

② 锅中倒入少许油烧热，将豆腐块放入煎至两面呈金黄色，盛出。

③ 锅留底油烧热，放入煎好的老豆腐翻炒片刻，加入红尖椒，炒匀，倒入酱油、糖、葱末、鸡精、盐炒匀，盛入装有生菜的碗中即可。

做法支招：煎豆腐的时候注意要先将豆腐的水分控干，否则很容易被油溅到。

豉椒炒豆腐

主料 老豆腐300克。

调料 干辣椒、豆豉、生抽、盐、糖、食用油各适量。

做法

① 老豆腐切块，放入沸水锅焯烫片刻，捞出沥干；干辣椒切粒。

② 热锅倒油烧热，爆香豆豉，下豆腐略炒片刻，加入生抽、糖、适量水，焖至收汁，加入干辣椒拌炒均匀即可。

做法支招：带有豉香的豆腐，有点小辣，用来拌饭、佐粥吃都是不错的选择。

桂花豆腐

主料 水豆腐200克，鸡蛋黄3个。

调料 食用油、精盐、味精、葱花各适量。

做法

① 豆腐切丁，放入沸水锅焯片刻，捞出沥干；鸡蛋黄放碗中，加精盐、味精搅散。

② 锅置旺火上，倒油烧热，倒入蛋黄，不停拌炒成桂花形，放入豆腐，加精盐、味精拌炒入味，出锅装盘，撒上葱花即成。

营养小典：此菜补充蛋白质、钙，益气和中，通阳解毒。

主料 西蓝花100克，豆腐200克，红椒50克。
调料 姜片、精盐、鸡精、胡椒粉、食用油各适量。
做法

❶ 西蓝花洗净，切成小朵，放入沸水锅中焯烫片刻，捞出沥水；豆腐洗净，切块；红椒洗净，切段。

❷ 锅中倒油烧热，放入豆腐小火煎至略黄，盛出。

❸ 锅留底油烧热，放入姜片爆香，加入红椒段翻炒片刻，放入西蓝花、豆腐翻炒均匀，调入精盐、胡椒粉、鸡精炒匀即成。

营养小典：此菜益气和中，清热消肿，减肥美容。

西蓝花烧豆腐

主料 水豆腐100克，腊八豆150克，鲜红椒3克。
调料 食用油、精盐、味精、酱油、香油、红油、葱花各适量。

做法

❶ 鲜红椒洗净，切末；豆腐切丁，放入沸水锅焯烫后捞出，沥水。

❷ 炒锅倒油烧热，加入腊八豆炒香，倒入豆腐丁，放红油、红椒末、酱油、精盐、味精拌炒至入味，撒葱花，淋香油即成。

营养小典：豆腐含丰富的植物蛋白和大豆卵磷脂，能健脑补脑。

腊八豆红油豆腐丁

主料 豆腐泡200克，青椒150克。
调料 干辣椒、精盐、鸡精、食用油各适量。
做法

❶ 豆腐泡用水冲洗片刻；青椒洗净，切块。

❷ 锅中倒油烧热，放入干辣椒、青椒块炒香，加入豆腐泡翻炒片刻，调入精盐、鸡精炒匀，出锅装盘即成。

营养小典：豆腐泡富含优质蛋白、多种氨基酸、不饱和脂肪酸及磷脂等，铁、钙的含量也很高。

青椒豆腐泡

辣椒炒香干

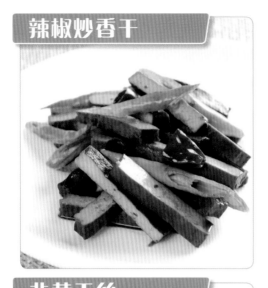

主料 豆腐干300克，尖椒100克。

调料 干辣椒、酱油、精盐、食用油各适量。

做法

① 豆腐干放入沸水锅中焯烫片刻，捞出沥水，切条；尖椒洗净，切条；干辣椒洗净，切段。

② 锅中倒油烧热，放入尖椒、干辣椒炒香，倒入豆腐干翻炒片刻，加入酱油、精盐炒匀，装盘即成。

营养小典：豆腐干性凉，味甘，有益气和中、生津润肠、清热解毒、利水消肿之功效，主治气血不足、脾肺两虚。

韭黄干丝

主料 韭黄、豆腐丝各200克。

调料 干辣椒、精盐、鸡精、酱油、白糖、醋、水淀粉、食用油各适量。

做法

① 豆腐丝放入沸水锅汆烫片刻，捞出沥水；韭黄洗净，切段；干辣椒洗净，切丝；白糖、醋、精盐、酱油、鸡精、水淀粉同放碗中调匀。

② 锅中倒油烧热，放入干辣椒丝、豆腐丝煸炒，加入韭黄段翻炒片刻，烹入味汁炒匀即成。

营养小典：豆腐皮性平，味甘，常吃可清热润肺、止咳化痰、养胃、解毒、止汗。

木耳炒豆皮

主料 千张、水发木耳各150克，芥蓝叶50克。

调料 精盐、鸡精、姜丝、食用油各适量。

做法

① 千张洗净，切丝，放入沸水锅中焯烫片刻，捞出沥水；水发木耳洗净，撕成小朵；芥蓝叶洗净，切丝。

② 锅中倒油烧热，放入姜丝爆香，加入木耳翻炒片刻，放入芥蓝叶炒匀，加入千张丝、精盐、鸡精炒匀，出锅装盘即成。

营养小典：此菜健脑益智，抗菌消炎。

主料 干茶树菇200克，豆笋(腐竹)、红椒各50克。

调料 食用油、精盐、味精、辣酱、蚝油、香油、红油、姜丝、蒜片各适量。

做法

❶ 干茶树菇去蒂，用温水泡发，洗净切段；豆笋用清水泡发，切段；红椒去蒂、去子，洗净切丝。

❷ 炒锅倒油烧热，放入姜丝、茶树菇拌炒，加入豆笋，放精盐、味精、辣酱、蚝油，拌炒入味，撒蒜片、红椒丝炒匀，淋红油、香油即成。

营养小典：茶树菇味道鲜美，用作主菜、配菜均佳，且有滋阴壮阳、美容保健之功。

茶树菇烧豆笋

主料 干腐竹50克，木耳、尖椒各20克，鸡蛋1个(约60克)，面粉30克。

调料 蒜片、鸡精、盐、食用油各适量。

做法

❶ 将干腐竹用凉水泡软，切成段；木耳泡发洗净；尖椒洗净，去子，切片；将鸡蛋打入面粉中，加入盐，搅拌成面糊；将腐竹倒入面糊中，使腐竹充分挂上面糊。

❷ 锅内倒油烧热，放入挂匀面糊的腐竹，炸成金黄色，捞出沥油。

❸ 锅留底油烧热，倒入蒜片炒香，加入腐竹、尖椒、木耳炒匀，加盐、鸡精调味即可。

做法支招：泡发腐竹的时候注意要用凉水。

干炸回锅腐竹

主料 鸡蛋4个(约240克)，青椒200克。

调料 精盐、酱油、食用油各适量。

做法

❶ 鸡蛋入锅煎成荷包蛋，盛出，切块；青椒洗净，切片。

❷ 锅中倒油烧热，放入青椒片、精盐、酱油炒熟，加入荷包蛋炒匀，出锅装盘即成。

营养小典：此菜可增加食欲、帮助消化，促进肠道蠕动。

青椒荷包蛋

鱼香荷包蛋

主料 鸡蛋5个(约300克)。

调料 姜蒜末、泡椒、精盐、鸡精、生抽、白糖、醋、料酒、水淀粉、食用油各适量。

做法

① 平底锅内放入适量油烧热，磕入鸡蛋煎至两面金黄，撒上少许精盐，盛盘中。

② 泡椒剁碎，放入碗中，加精盐、料酒、生抽、白糖、醋、鸡精、水淀粉调匀成味汁。

③ 锅中倒油烧热，放入泡椒末、姜蒜末炒香，倒入味汁，小火烧浓，淋在荷包蛋上即成。

营养小典：鸡蛋黄中的卵磷脂可促进肝细胞的再生，帮助受到损害的肝脏复原。

湘味炒蛋

主料 鸡蛋、鸭蛋各2个，红椒、青椒各25克。

调料 葱姜蒜末、精盐、鸡精、食用油各适量。

做法

① 青椒、红椒均洗净，剁碎；鸡蛋、鸭蛋磕入碗中，分开蛋清和蛋黄，分别搅匀。

② 锅中倒油烧热，分别放入蛋清、蛋黄炒熟，盛出。

③ 锅中倒油烧热，放入葱姜蒜末爆香，加入青椒末、红椒末、精盐、鸡精翻炒片刻，放入鸡蛋、鸭蛋炒匀，出锅即成。

营养小典：此菜补肺养血、滋阴润燥。

黄瓜炒薯粉

主料 黄瓜300克，水发红薯粉100克，猪肉、鲜红椒各50克。

调料 食用油、精盐、味精、水淀粉、胡椒粉各适量。

做法

① 黄瓜洗净，切丝；猪肉洗净，剁成末；鲜红椒去蒂、去子，洗净，切丝；红薯粉用清水泡发，剪短。

② 炒锅倒油烧热，倒入肉末炒散，加入红薯粉、精盐、味精、胡椒粉，拌炒入味，放入黄瓜丝炒匀，用水淀粉勾芡，撒红椒丝即成。

营养小典：红薯经过蒸煮，与生食相比可增加40%左右的食物纤维，能有效刺激肠道蠕动，促进排便。

主料　长茄子300克，猪肉50克。

调料　蒜末、辣椒、剁椒、糖、醋、酱油、盐、味精、食用油各适量。

做法

❶ 将茄子切薄片，放在水里略微浸泡；剁椒切碎；猪肉切片；辣椒切丁。

❷ 锅内倒油烧热，放入猪肉炒至变色，下剁椒、蒜末煸炒片刻，加入茄子煸炒，加入酱油、盐、味精、糖、醋继续翻炒5分钟，加辣椒炒匀即可。

做法支招：茄子切开后很快就会氧化变色，泡在水里可以防止其变色。

湘味小炒茄子

主料　南瓜、雪菜各150克，冬笋、香菇、瘦肉丁各50克。

调料　干辣椒、葱姜末、精盐、白糖、淀粉、醋、食用油各适量。

做法

❶ 南瓜去皮、去瓤，洗净，切条；冬笋、香菇均洗净，切条；雪菜切丁。

❷ 锅中倒油烧至五成热，放入南瓜、冬笋、香菇炸至变色，捞出沥油。

❸ 锅留底油烧热，放入瘦肉丁、干辣椒、雪菜、葱姜末煸香，放入南瓜、冬笋、香菇、精盐、白糖、淀粉、醋和适量水，翻炒至汤汁收干即成。

营养小典：此菜解毒消肿、开胃消食、温中利气。

干烧雪菜南瓜

主料　粉丝200克，瘦猪肉150克。

调料　葱花、姜蒜末、豆瓣、精盐、鸡精、料酒、胡椒粉、高汤、食用油各适量。

做法

❶ 粉丝用温水泡发，捞出沥干，剪成段；瘦猪肉洗净，剁成肉末。

❷ 锅中倒油烧热，放入肉末、豆瓣、姜蒜末炒香，倒入高汤、精盐、鸡精、料酒、胡椒粉，放入粉丝，快速翻炒至汤汁收干、肉末粘在粉丝上，撒上葱花，起锅装盘即成。

做法支招：此菜要速炒，时间长了粉丝容易粘连，影响菜有口感。

蚂蚁上树

白菜梗炒肉丝

主料 白菜200克，猪瘦肉、红椒各50克。

调料 精盐、白醋、水淀粉、食用油各适量。

做法

1. 白菜去叶留梗，洗净，切丝，加入白醋、精盐、水淀粉抓匀，腌渍10分钟；猪瘦肉洗净，切丝；红椒洗净，切丝。

2. 锅中倒油烧热，放入猪肉丝，加入精盐、水淀粉炒匀，加入白菜丝、红椒丝翻炒片刻，出锅即成。

营养小典：白菜中的钼能抑制人体对亚硝胺的吸收和合成，起到抗癌作用。

酸辣里脊白菜

主料 白菜200克，猪里脊肉、水发木耳各100克。

调料 葱段、蒜末、辣椒酱、精盐、料酒、醋、白糖、淀粉、食用油各适量。

做法

1. 白菜洗净，切段；猪里脊肉洗净，切片；水发木耳洗净，撕成小朵。

2. 锅中倒油烧热，放入葱段、蒜末炒香，加入里脊肉片炒至肉色变白，放入木耳、白菜段翻炒均匀，加入辣椒酱、精盐、料酒、醋、白糖，炒匀即成。

营养小典：此菜健胃消食，强健身体。

肉丝炒酸菜

主料 猪瘦肉150克，酸菜200克。

调料 葱姜丝、精盐、酱油、鸡精、水淀粉、花椒油、食用油各适量。

做法

1. 猪瘦肉洗净，切丝；酸菜去根，洗净，切丝，放入温水中浸泡20分钟，捞出挤净水分。

2. 锅中倒油烧热，加入葱姜丝炝香，放入肉丝煸炒至变色，加入酸菜丝炒匀，放入酱油、精盐、鸡精、适量水，翻炒至熟，用水淀粉勾芡，淋入花椒油，出锅装盘即成。

做法支招：如果喜欢更酸一些，可以少泡一会儿。

主料 带皮五花肉500克。

调料 大葱、酱油、醋、白糖、鸡精、食用油各适量。

做法

❶ 带皮五花肉去毛，洗净，放入沸水锅煮至八成熟，捞出凉凉，切片；大葱洗净，切大段。

❷ 锅中倒油烧热，放入葱段炒香，加入五花肉翻炒片刻，调入酱油、醋、白糖、鸡精炒匀，待五花肉出油，略炒片刻，起锅装盘即成。

营养小典：此菜补中益气，丰肌美体，生津养颜。

香葱煸白肉

主料 猪里脊肉、青椒各200克，鸡蛋清1个。

调料 精盐、鸡精、料酒、香油、水淀粉、食用油各适量。

做法

❶ 猪里脊肉洗净，切片，加入精盐、鸡精、鸡蛋清、水淀粉拌匀腌制10分钟；青椒洗净，去蒂、去子，切片。

❷ 锅中倒油烧热，放入里脊片滑熟，捞出沥油。

❸ 锅留底油烧热，放入青椒片煸至变色，加入料酒、精盐和适量水烧沸，用水淀粉勾芡，倒入里脊片炒匀，淋入香油即可。

营养小典：此菜益气补血、强心安神。

青椒里脊片

主料 尖椒、五花肉各150克。

调料 蒜片、鸡精、酱油、盐、食用油各适量。

做法

❶ 五花肉用开水煮10分钟，捞出沥干水分后切成片；尖椒洗净，去子切成片。

❷ 锅内倒油烧热，放入肉片翻炒片刻，盛出。

❸ 锅留底油烧热，倒入蒜片炒香，倒入尖椒翻炒片刻，加入肉片、盐、鸡精、酱油翻炒均匀即可。

做法支招：不喜欢吃肥肉的话可以用油将五花肉煎一下，去掉肥肉的油脂。

尖椒五花肉

风味五花肉

主料 五花肉350克，鸡蛋1个(约60克)，彩椒圈适量。

调料 食用油、精盐、鸡精、辣椒油、淀粉各适量。

做法

1. 五花肉洗净，切成片，调入精盐、鸡精，打入鸡蛋，加淀粉，抓匀挂糊。
2. 锅中倒油烧热，放入五花肉炸至外表酥脆，捞起控油。
3. 锅留底油烧热，放入五花肉，调入辣椒油，翻炒均匀，撒入彩椒圈即成。

做法支招：五花肉在前腿与后腿的中间、外脊下方与奶脯上方的部位，带有肋骨。

干炒猪肉丝

主料 猪肉200克，芹菜、豆腐干各30克。

调料 姜末、蒜丝、干辣椒、辣椒酱、酱油、盐、食用油各适量。

做法

1. 芹菜去叶洗净，切段，用少许盐拌匀，腌5分钟，冲水沥干；豆腐干切丝；猪肉洗净，切丝，加盐及1勺酱油拌匀。
2. 锅内倒油烧热，加入辣椒酱、姜末、蒜丝炒30秒，加入肉丝炒干水分，倒入干辣椒，加豆腐干，大火翻炒5分钟，加芹菜再炒2分钟。加酱油炒匀即可。

做法支招：用浸了辣味的油再加辣椒酱来干煸猪肉丝，既能炒出肉里的水分，又能炒入十足的香辣味。

榄菜酿尖椒

主料 尖椒150克，瘦肉馅200克，橄榄菜50克。

调料 精盐、鸡精、葱姜末、料酒、淀粉、食用油各适量。

做法

1. 尖椒竖划一刀，去掉两端，去子，洗净；瘦肉馅加精盐、料酒、鸡精和匀，装入尖椒内，拍匀淀粉。
2. 炒锅倒油烧热，放入尖椒炸熟。
3. 另起锅倒油烧热，放入葱姜末、橄榄菜爆香，加少许水炒匀，放入尖椒翻炒片刻即成。

做法支招：橄榄菜已有咸味，所以放盐的时候要略少一点，以免菜太咸。

主料 青椒250克，猪后腿肉150克。

调料 葱段、姜片、白糖、酱油、鸡精、甜面酱、食用油各适量。

做法

❶ 猪后腿肉洗净，放入锅中，加入葱段、姜片煮至九成熟，捞出凉凉，切片；青椒洗净，去蒂、去子，切丝。

❷ 锅中倒油烧热，放入肉片爆炒片刻，加入甜面酱炒出香味，放入青椒丝翻炒至熟，烹入酱油、鸡精、白糖，炒至入味即成。

做法支招：甜面酱可以根据家人的口味替换成豆瓣酱、黄酱或其他酱料，但替换之后要注意咸淡调味。

椒丝酱爆肉

主料 瘦猪肉150克，五花肉100克，尖椒50克。

调料 蒜片、料酒、酱油、淀粉、盐、鸡精、食用油各适量。

做法

❶ 将瘦猪肉切片，加盐、料酒、酱油、淀粉拌匀腌渍5分钟；五花肉切片；尖椒洗净，切条。

❷ 锅内倒油烧热，放入五花肉片，反复煸炒至五花肉片变成金黄色，倒入尖椒片、蒜片，放入盐、鸡精，继续翻炒3分钟，放入腌好的瘦肉片，炒1分钟，倒入酱油，出锅即可。

做法支招：用油炸一下五花肉可以将肥肉的油脂煸出来，不用担心会食用过多的油脂。

农家小炒肉

主料 五花肉200克，青尖椒100克。

调料 蒜片、酱油、生抽、鸡精、盐、食用油各适量。

做法

❶ 青尖椒洗净，切片；五花肉洗净，切片。

❷ 锅内倒油烧热，下五花肉片炒香，捞出沥油。

❸ 另锅倒油烧热，放入蒜片、青尖椒片翻炒，直到青尖椒表面呈微微虎皮状，加入五花肉片、盐、酱油、生抽、鸡精，大火快炒出锅即可。

做法支招：猪肉必须煮熟食用，因为猪肉中有时会有寄生虫。

湖南小炒肉

小炒莴笋干

🐟 **主料** 莴笋干200克，五花肉150克。

🥄 **调料** 姜丝、老抽、鸡精、食用油各适量。

🥢 **做法**

① 莴笋干泡发，洗净；五花肉洗净，切片。

② 锅中倒油烧热，放入姜丝煸香，放入五花肉片炒熟，加入莴笋干翻炒片刻，调入老抽、鸡精翻炒均匀，出锅装盘即成。

营养小典：此菜补肾固精，健脑益智。

番茄西葫芦炒肉

🐟 **主料** 猪瘦肉、西葫芦各150克。

🥄 **调料** 番茄酱、盐、食用油各适量。

🥢 **做法**

① 将猪瘦肉放入盐水锅煮熟，捞出凉凉，切片；西葫芦洗净，切片。

② 锅内倒油烧热，倒入猪瘦肉、西葫芦翻炒，加入盐、番茄酱和少许水，炒至汤汁收干即可。

做法支招：番茄酱中含有盐分，所以不要放过多的盐。

香辣大盘菜花

🐟 **主料** 菜花250克，带皮五花肉150克。

🥄 **调料** 干辣椒段、蒜末、孜然、精盐、酱油、鸡精、淀粉、清汤、食用油各适量。

🥢 **做法**

① 菜花洗净，掰成小朵；带皮五花肉洗净，切片，加入精盐、酱油、淀粉抓匀腌渍10分钟。

② 锅中倒油烧热，放入五花肉片滑散断生，盛出。

③ 锅留底油烧热，放入蒜末、干辣椒段煸香，加入菜花翻炒片刻，放入精盐调味，加入肉片，倒入少许清汤煨至汤汁收干，加入酱油，撒入孜然、鸡精，拌匀出锅即成。

营养小典：菜花具有补脑髓、利脏腑、开胸膈、益心力、壮筋骨等作用。

主料 豆角200克，猪肉150克。

调料 剁椒、干辣椒、蒜片、豆豉、酱油、盐、食用油各适量。

做法

❶ 豆角洗净，切丝；猪肉洗净切片。

❷ 锅内倒油烧热，爆香蒜片、干辣椒、豆豉，放入肉片，炒成半熟，淋酱油炒匀后出锅。

❸ 锅留底油烧热，倒入豆角丝，大火快炒到呈现深绿色时，放入肉片同炒至豆角和肉片均熟，放入剁椒、盐，翻炒均匀即可。

做法支招：豆角要选择嫩的、一掐就会断掉的新鲜豆角。

豆角炒肉

主料 四季豆250克，肉馅150克。

调料 朝天椒、葱姜末、醋、生抽、白糖、精盐、鸡精、食用油各适量。

做法

❶ 四季豆择去两端硬筋，洗净，沥水；朝天椒洗净，切段。

❷ 锅中倒油烧热，放入四季豆炸至略起褶皱时捞出，沥油。

❸ 锅留底油烧热，放入葱姜末炒香，加入肉馅炒散，倒入四季豆、朝天椒段、生抽、白糖、精盐、鸡精和适量水，翻炒至汤汁收干，淋少许醋，拌匀即成。

营养小典：此菜益气健脾，清暑化湿，利水消肿。

干煸四季豆

主料 芦笋、五花肉各150克，朝天椒15克。

调料 蒜片、盐、鸡精、酱油、食用油各适量。

做法

❶ 将芦笋洗净，去掉根部，切成段。

❷ 五花肉用开水煮10分钟，捞出沥干水分后切成片；将朝天椒洗净，切成段。

❸ 锅内倒油烧热，放入蒜片炒香，放入肉片翻炒均匀，倒入芦笋、朝天椒翻炒至熟，加入盐、鸡精、酱油，炒匀即可。

做法支招：选择新鲜的五花肉，可用手摸，略有黏手感觉，肉上无血，肥肉、瘦肉红白分明、色鲜艳。

芦笋炒五花肉

豇豆炒肉末

主料 豇豆250克，五花肉150克，红尖椒25克。

调料 葱姜末、花椒、味精、盐、香油、食用油各适量。

做法

① 豇豆切丁；红尖椒切丁；五花肉洗净切末。

② 锅中倒油烧热，放葱姜末、肉末炒香，至猪肉变色，放豇豆丁、红尖椒丁翻炒均匀，加入花椒、味精、盐炒匀，淋香油即可。

做法支招：豇豆一定要烹熟，这样才不会中毒。也可以换成酸豇豆，做出来就是好吃又下饭的肉末酸豆角。

肉碎豉椒炒豇豆

主料 豇豆、肉馅儿各150克，红辣椒10克。

调料 葱姜末、豆豉、酱油、料酒、糖、水淀粉、鸡精、盐、香油、食用油各适量。

做法

① 豇豆、红辣椒均切碎；肉馅儿用料酒拌匀稀释。

② 锅内倒油烧热，放入葱姜末、豆豉爆香，加入肉馅儿煸熟，加入豇豆碎和辣椒碎，调入鸡精、料酒、盐、酱油、糖炒匀，用水淀粉勾芡，淋上少许香油即可。

做法支招：肉馅儿要稀释开才能防止在炒的时候黏成团。

酸豆角炒肉末

主料 酸豆角200克，猪肉末、油酥花生仁各100克。

调料 干辣椒、蒜末、精盐、食用油各适量。

做法

① 酸豆角冲洗干净，切段；干辣椒洗净，切碎。

② 锅中倒油烧热，放入蒜末、干辣椒炒香，加入猪肉末炒熟，倒入酸豆角，加入精盐、油酥花生仁翻炒片刻，出锅装盘即成。

做法支招：酸豆角已经有咸味了，要少加盐，也可以不加盐。

主料 茭白200克，猪后臀肉、红椒各100克。

调料 蒜蓉、精盐、鸡精、料酒、胡椒粉、水淀粉、食用油各适量。

做法

❶ 猪后臀肉洗净，切丝，加精盐、料酒、水淀粉拌匀腌渍10分钟；红椒洗净，切圈；茭白去掉老根、外皮，切丝；精盐、鸡精、胡椒粉、料酒、水淀粉调成味汁。

❷ 锅中倒油烧热，放入肉丝炒至变色，将肉丝拨到一边，倒入蒜蓉炒香，加入茭白丝翻炒均匀，烹入味汁，放入红椒圈，翻炒均匀即可。

营养小典：此菜解毒清热，利大小便，养颜瘦身。

茭白肉丝

主料 鲜藕250克，猪肉150克，尖椒50克。

调料 姜末、干辣椒、精盐、鸡精、醋、香油、食用油各适量。

做法

❶ 鲜藕切去两头，去皮，洗净，切片，放入沸水锅中焯熟，捞出沥水；猪肉洗净，切片；尖椒洗净，切片；干辣椒洗净，去蒂、去子，切末。

❷ 锅置火上，倒油烧热，放入肉片煸香，加入姜末、干辣椒末炒匀，加入藕片、尖椒片翻炒片刻，加入精盐、醋、鸡精炒匀，淋入香油即成。

营养小典：莲藕中含有大量的维生素C和食物纤维，对于肝病、便秘、糖尿病患者有益。

肉炒藕片

主料 滑子菇300克，猪肉100克。

调料 葱段、姜末、蒜蓉、料酒、红油、鲜汤、胡椒粉、盐、味精、食用油各适量。

做法

❶ 将滑子菇择洗干净，放入沸水锅焯烫片刻，捞出沥水；猪肉切片。

❷ 锅内倒油烧热，下入姜末、蒜蓉煸香，下入肉片炒散，加入滑子菇炒匀，放盐、味精，烹入料酒，倒入鲜汤，改用小火煨至汤汁稠浓，撒入胡椒粉、葱段，淋入红油，装盘即可。

营养小典：滑子菇味道鲜美、营养丰富，放入汤中能让汤汁更加鲜美。

香辣滑子菇

麻辣肉片

主料 猪里脊肉、西蓝花各200克，鸡蛋清1个。

调料 葱姜末、辣椒油、精盐、鸡精、白糖、花椒、水淀粉、食用油各适量。

做法

① 猪里脊肉洗净，切片，加入鸡蛋清、水淀粉抓匀上浆；西蓝花洗净，掰成小朵，放入沸水锅焯烫片刻，捞出沥水。

② 锅置火上，倒油烧热，放入西蓝花，加精盐、鸡精炒熟，摆盘中。

③ 另锅倒油烧热，放入葱姜末、花椒爆香，加入里脊肉片、辣椒油、精盐、鸡精、白糖煸炒至熟，用水淀粉勾芡，倒入西蓝花盘中即可。

营养小典：补中益气，强身健体。

泡椒烧魔芋

主料 魔芋300克，肉末50克，泡小米椒、尖红椒圈各10克。

调料 姜片、红油、鲜汤、蚝油、料酒、水淀粉、盐、鸡精、食用油各适量。

做法

① 魔芋切厚块，入沸水锅焯烫后捞出；小米椒切碎。

② 炒锅倒油烧热，下入姜片、泡小米椒、红椒圈、肉末炒香，下入魔芋，调入盐、鸡精、蚝油，烹入料酒，拌炒入味，加入鲜汤，大火烧开，用水淀粉勾芡，淋红油炒匀即可。

做法支招：魔芋要焯水除去异味，泡小米椒一定要油炸，才会出香辣味。

响铃肉片

主料 瘦猪肉、馄饨各200克，黄瓜50克。

调料 葱花、姜蒜片、精盐、酱油、鸡精、白糖、醋、料酒、水淀粉、食用油各适量。

做法

① 瘦猪肉洗净，切片，加入精盐、水淀粉抓匀上浆，腌渍10分钟；黄瓜洗净，切片。

② 锅中倒油烧热，放入馄饨炸熟呈金黄色，捞出沥油，放盘中。

③ 另锅倒油烧热，放入肉片炒散，加入黄瓜片、葱花、姜蒜片炒匀，烹入料酒、酱油，调入精盐、鸡精、白糖，淋少许醋，盛出倒在馄饨上即成。

做法支招：馄饨一定要炸透，咬起来松脆有声，才能称为"响铃"。

鱼香小滑肉

主料 猪瘦肉300克，青笋、水发木耳各50克。

调料 泡椒、葱姜丝、蒜片、精盐、鸡精、酱油、白糖、醋、水淀粉、食用油各适量。

做法

❶ 猪瘦肉洗净，切片，加精盐腌渍片刻，加水淀粉拌匀；青笋去皮，洗净，切片；水发木耳洗净；酱油、白糖、醋、鸡精、水淀粉混合制成鱼香汁；泡椒洗净，去蒂，剁碎。

❷ 锅中倒油烧热，放入肉片炒散，加入泡椒末炒出红色，放入葱姜丝、蒜片炒香，再放入青笋片、木耳炒匀，倒入鱼香汁翻炒至熟即成。

营养小典：此菜健胃消食，补中益气。

口福回香肉

主料 五花肉500克。

调料 葱花、豆瓣、甜面酱、酱油、食用油各适量。

做法

❶ 五花肉洗净，放入沸水锅煮熟，捞出凉凉，切片；豆瓣剁细。

❷ 锅中倒油烧至六成热，放入五花肉炒至吐油，肉片略卷，放入豆瓣翻炒均匀，加入甜面酱炒香，倒入酱油，放入葱花炒匀即可。

做法支招：炒肉片时要旺火热锅，加少许精盐才能使肉片炒至吐油、四周微卷。

炒回锅肉

主料 熟五花肉300克，笋片、红椒、青蒜各30克。

调料 甜面酱、酱油、水淀粉、高汤、盐、鸡精、食用油各适量。

做法

❶ 将熟五花肉、红椒、笋片均切成片；青蒜斜切成小段。

❷ 锅内倒油烧热，下入熟五花肉煸炒出油，下入笋片、红椒、甜面酱、酱油、鸡精、高汤炒透，加盐、青蒜略炒，用水淀粉勾芡即可。

营养小典：因为五花肉是煮熟的，所以其中的肥肉肥而不腻，味道鲜美。

红烧肉焖茄子

主料 五花肉100克，茄子300克。

调料 蒜瓣、干辣椒、姜片、八角茴香、桂皮、酱油、糖、盐、豆腐乳、食用油各适量。

做法

① 五花肉洗净，切成大块，放入沸水锅汆烫5分钟，捞出沥水；茄子洗净，切块。

② 锅中倒油烧热，放入五花肉煸炒5分钟，加入豆腐乳、酱油、糖调味上色，翻炒到颜色均匀分布在肉上，整锅倒入瓦煲中，加入适量水，大火煮开，转小火炖肉，放八角茴香、干辣椒、姜片、蒜瓣、桂皮，加入茄子，炖约1小时，加盐调味即可。

做法支招：如果选择长条茄子，就不用削皮。

毛氏红烧肉

主料 五花肉500克。

调料 料酒、酱油、白糖、八角茴香、葱姜丝、蒜片、干辣椒段、食用油各适量。

做法

① 五花肉切块，放入沸水锅汆去血水，捞出沥干。

② 炒锅倒油烧热，放入五花肉(肉皮向上)，加适量水、酱油、料酒、白糖，大火烧沸，小火烧2小时，捞出猪肉，凉凉切块。

③ 净锅倒油烧热，倒入葱姜丝、蒜片爆香，加入干辣椒段、八角茴香炒香，放入五花肉块翻炒均匀即可。

做法支招：可以视家人口味加入香菇、栗子等配料，以及酌情增减冰糖的量。

萝卜肉丸子

主料 猪肉馅200克，青萝卜、面粉各50克，鸡蛋2个(约120克)。

调料 葱姜末、盐、五香粉、食用油各适量。

做法

① 将青萝卜洗净，擦成细丝，加肉馅拌匀，加入葱姜末、五香粉、盐、鸡蛋、面粉，朝一个方向搅拌上劲。

② 锅中倒油烧热，用沾了水的勺子舀起一团面糊放入油锅中，用中小火炸至金黄色时捞出沥油，等油温上升至七成热时，再放入丸子复炸一遍即可。

营养小典：青萝卜富含人体所需的营养物质，淀粉酶含量很高，生吃会有微辣的爽脆口感。

主料　猪肉馅400克。

调料　葱姜蒜末、豆瓣酱、精盐、酱油、鸡精、白糖、醋、料酒、淀粉、食用油各适量。

做法

❶ 猪肉馅加入精盐、淀粉拌匀；豆瓣酱剁细；白糖、醋、酱油、料酒、鸡精、精盐、淀粉同入碗中，调匀成鱼香汁。

❷ 锅中倒油烧热，将猪肉馅挤成丸子，依次下锅炸熟，捞出沥油。

❸ 锅留底油烧热，放入豆瓣酱、葱姜蒜末炒香，烹入味汁烧沸，放入丸子炒匀，起锅即成。

营养小典：此菜强身健体，补充体力。

鱼香丸子

主料　猪里脊肉400克，熟芝麻20克。

调料　葱段、姜片、精盐、辣椒油、鸡精、料酒、白糖、花椒粉、食用油各适量。

做法

❶ 猪里脊肉洗净，切丝，加精盐、料酒、葱段、姜片，抓匀腌渍20分钟。

❷ 锅中倒油烧热，放入里脊肉丝，炸至呈金黄色捞出，趁热加入精盐、白糖、鸡精、花椒粉、辣椒油拌匀，凉凉后撒入熟芝麻，装盘即成。

营养小典：此菜补中益气，强身健体。

麻辣里脊丝

主料　五花肉400克，小葱薹50克。

调料　豆瓣、豆豉、酱油、白糖、食用油各适量。

做法

❶ 五花肉洗净，切片；小葱薹洗净，切段。

❷ 锅中倒油烧热，放入五花肉片煸炒至出油，放入豆瓣、豆豉炒香，加入酱油、白糖炒匀，放入小葱薹炒至断生，起锅装盘即成。

营养小典：此菜健脾开胃，增强食欲。

生爆盐煎肉

宫保肉丁

主料 瘦猪肉300克，花生米50克。

调料 干辣椒、葱姜蒜片、花椒、糖、水淀粉、酱油、料酒、醋、盐、味精、食用油各适量。

做法

① 将猪肉洗净，切丁，加入少许盐、料酒、水淀粉抓匀上浆；辣椒切段；糖、醋、酱油、料酒、盐、味精和水淀粉调汁；花生米用温水泡软，去皮。

② 锅内倒油烧热，放入花生米，炸至色泽浅黄、酥脆时捞出。

③ 锅留底油烧热，放入辣椒、花椒炒香，放入肉丁炒散，加入葱姜蒜片稍炒，烹入调好的汁炒熟，放入花生米炒匀即可。

做法支招：放入少许醋可以去除猪肉的肉腥味。

花椒肉

主料 猪瘦肉400克。

调料 干辣椒段、葱段、姜片、花椒、精盐、酱油、白糖、料酒、食用油各适量。

做法

① 猪瘦肉洗净，切丁，加精盐、料酒、葱段、姜片、酱油拌匀腌渍20分钟，拣出葱段、姜片。

② 锅中倒油烧至八成热，放入猪瘦肉丁炸3分钟，捞起沥油。

③ 锅留底油烧热，放入干辣椒段、花椒翻炒至呈棕红色，放入白糖、酱油、肉丁和适量水，烧至汤汁收浓，肉丁软和，起锅即成。

做法支招：炒香花椒粒和干红椒段宜用小火，大火炸制容易将花椒粒和干红辣椒段炸煳。

鱼香肉丝

主料 猪里脊肉250克，竹笋、水发木耳各50克，鸡蛋清1个。

调料 葱花、姜蒜末、泡椒碎、料酒、醋、酱油、糖、水淀粉、盐、味精、食用油各适量。

做法

① 将竹笋、木耳切丝，入沸水锅汆烫后捞出；将猪里脊肉切成丝，加料酒、盐、蛋清、味精、水淀粉搅匀。

② 锅内倒油烧热，放入肉丝炒至变色，捞出控油。

③ 锅留底油烧热，下葱花、姜蒜末、泡椒煸香，加入盐、料酒、醋、酱油、味精、糖，下笋丝、木耳丝、肉丝，炒匀即可。

做法支招：注意里脊丝要切得均匀。

主料 五花肉400克，鸡蛋1个(约60克)，面粉50克。

调料 淀粉、精盐、白糖、食用油各适量。

做法

❶ 五花肉洗净，放入锅中，加水煮熟，捞出沥水，切丁，加入精盐、鸡蛋拌匀，再加入面粉、淀粉抓匀。

❷ 锅中倒油烧热，放入五花肉丁炸至外皮呈金黄色，捞出沥油。

❸ 另锅倒水烧沸，加入白糖炒至呈淡黄色，加入少许油，放入肉丁翻炒均匀即可。

做法支招：五花肉可切小方块或厚肉片，适于烧、焖、炖等，亦宜做肉丸。

秘制玻璃肉

主料 带皮五花肉400克，鸡蛋黄1个，面包糠50克。

调料 葱花、精盐、鸡精、米酒、干辣椒、淀粉、食用油各适量。

做法

❶ 带皮五花肉洗净，放入沸水锅煮至断生，捞出沥水，切片，加入精盐、鸡精、鸡蛋黄、米酒、淀粉拌匀，裹匀面包糠；干辣椒洗净，切段。

❷ 锅中倒油烧热，放入五花肉炸熟，捞出沥油。

❸ 锅留底油烧热，放入干辣椒段煸香，加入五花肉片、精盐、鸡精炒匀，撒上葱花即成。

营养小典：此菜补肾固精，健脑益智。

竹篱飘香肉

主料 内酯豆腐200克，猪肉50克。

调料 食用油、精盐、味精、酱油、胡椒粉、剁辣椒、红油、葱花、水淀粉、鲜汤各适量。

做法

❶ 内酯豆腐切片，整齐地摆放在盘里，撒上精盐，入笼用旺火蒸4分钟，取出，倒去盘里的水；猪肉剁成泥。

❷ 炒锅倒油烧热，放肉泥炒散，加精盐、味精、酱油、剁辣椒炒匀，倒入鲜汤烧开，用水淀粉勾芡，淋红油，撒上胡椒粉，浇在豆腐上，撒上葱花即成。

营养小典：此菜口感嫩滑，营养丰富。

红运豆腐

麻婆豆腐

主料 豆腐250克，牛肉75克，青蒜苗20克。

调料 豆豉、酱油、辣椒粉、花椒粉、水淀粉、盐、味精、食用油各适量。

做法

1. 豆腐切块，放在沸水中浸泡1分钟，捞出沥水；牛肉洗净，剁成肉馅；青蒜苗洗净，切丁。
2. 锅内放油，小火烧热，加入牛肉末炒至变色，下盐、豆豉炒匀，加入辣椒粉炒出辣味，加豆腐和少许水炖5分钟，加酱油、味精调味，用水淀粉勾芡，撒上花椒粉、蒜苗丁即可。

饮食宜忌：豆腐中含有大量的钙和蛋白质，但是不宜一次食用过多。

红油香干

主料 香干2片，五花肉200克。

调料 干辣椒段、葱花、姜末、蒜蓉、花椒、豆瓣酱、盐、糖、鸡精、食用油各适量。

做法

1. 将香干切片；五花肉入锅煮至八成熟，捞出切片。
2. 锅内倒油烧热，放入香干炸成金黄色，捞出沥油。
3. 锅留底油烧热，放入姜末、蒜蓉、豆瓣酱煸香，下五花肉煸出油，放入盐、鸡精、糖、花椒、干辣椒段，倒入少许水，锅烧开后下入香干焖至入味，撒上葱花即可。

做法支招：香干煨得越久，味道越好，需等香干入味后再下入五花肉。

家常肘子

主料 猪肘子500克。

调料 精盐、郫县豆瓣、葱花、姜末、酱油、醋、水淀粉、食用油各适量。

做法

1. 猪肘子处理干净，放入沸水锅中，小火炖至熟烂，捞出肘子，凉凉，切块；郫县豆瓣剁细。
2. 锅中倒油烧至五成热，放入碎豆瓣炒出红油，放入葱花、姜末、酱油、精盐，加入适量煮肘子的原汤，放入猪肘子，翻炒均匀，用水淀粉勾芡，加醋炒匀即可。

做法支招：猪肘分为前肘、后肘，其皮厚、筋多、胶质重。适宜凉拌、烧、制汤、炖、卤、煨等。

主料 脆骨400克，红椒50克。

调料 葱段、精盐、卤水、食用油各适量。

做法

❶ 脆骨洗净，放入卤水锅卤熟，切丝；红椒洗净，切段。

❷ 锅中倒油烧热，放入红椒段炒至变软，加入精盐、脆骨、葱段，炒匀出锅即成。

营养小典：此菜补钙壮骨，健脑益智。

小炒脆骨

主料 排骨500克，熟芝麻10克，鸡蛋黄1个。

调料 干辣椒段、姜蒜末、酱油、精盐、醋、白糖、淀粉、食用油各适量。

做法

❶ 排骨洗净，切块，加入酱油、精盐、鸡蛋黄、淀粉抓匀上浆，腌渍20分钟，放入油锅炸至呈金黄色，捞出沥油。

❷ 锅中倒油烧热，放入姜蒜末、干辣椒段爆香，加入酱油、白糖、醋调匀，放入排骨翻炒均匀，撒入熟芝麻即成。

营养小典：此菜益气血，利肠胃，和五脏。

芝麻神仙骨

主料 卷心菜、腊肉各200克。

调料 干辣椒、蒜片、辣椒油、精盐、鸡精、蒸鱼豉油、陈醋、食用油各适量。

做法

❶ 卷心菜去掉根茎，撕成片，洗净；腊肉切片，洗净；干辣椒洗净，切段。

❷ 锅中倒油烧热，放入腊肉片煸炒片刻，加入蒜片、干辣椒段炒匀，放入卷心菜翻炒至八成熟，调入辣椒油、精盐、鸡精、蒸鱼豉油、陈醋翻炒均匀，炒熟装盘即成。

饮食宜忌：腊肉含胆固醇较高，建议老年人少食，胃或十二指肠溃疡患者不能食用。

炒手撕包菜

腊肉炒三鲜

主料 腊肉300克，胡萝卜、芹菜、水发木耳各50克。

调料 盐、食用油各适量。

做法

① 将所有原料洗净，切片。

② 锅内倒油烧热，放入胡萝卜、木耳、芹菜炒至五分熟，盛出。

③ 锅留少许底油，放入腊肉爆香，加入胡萝卜、木耳、芹菜炒熟，加入适量盐调味即可。

做法支招：腊肉上面的烟熏杂质比较多，可以先煮一下，再用钢丝球将腊肉表面洗净。

双干炒腊肉

主料 腊肉、莴苣干、菜花干各150克，朝天椒25克。

调料 姜末、豆豉、精盐、食用油各适量。

做法

① 腊肉洗净，入锅煮熟，凉凉，切条；莴苣干、菜花干均洗净，泡软；朝天椒洗净，切圈。

② 锅中倒油烧至七成热，放入姜末、豆豉、辣椒圈爆香，加入腊肉翻炒片刻，放入莴苣干、菜花干炒匀，加少许水，加盖焖至汤汁收干，放入精盐调味，炒匀即成。

营养小典：此菜开胃祛寒，消食下气。

腊肉豆腐小油菜

主料 老豆腐、小油菜各100克，腊肉、蒜苗各75克。

调料 豆豉、鸡精、酱油、盐、食用油各适量。

做法

① 将腊肉洗净，上锅蒸15分钟，取出切片；小油菜洗净，切段；蒜苗洗净，切段；老豆腐洗净，切片。

② 锅中倒油烧热，放入豆腐煎成金黄色，捞出沥油。

③ 锅留底油烧热，放入腊肉翻炒片刻，加入蒜苗、豆豉、小油菜和豆腐，调入盐、鸡精、酱油炒匀即可。

做法支招：腊肉的肥肉中本来就有油脂，所以不用放太多的油。

主料 腊肉300克，蒜苗、红尖椒各30克。

调料 料酒、糖、香油、味精、食用油各适量。

做法

❶ 将腊肉切成薄片，放入开水中烫熟捞出；蒜苗切斜段；红尖椒去子切片。

❷ 锅中倒油烧热，放蒜苗、红尖椒椒炒匀，放腊肉及味精、糖、料酒，大火快速翻炒均匀，淋少许香油，起锅装盘即可。

做法支招：先煮一下腊肉可以去掉里面一些盐分。

蒜苗腊肉

主料 芹菜、腊肉各200克。

调料 剁椒、精盐、鸡精、蚝油、食用油各适量。

做法

❶ 芹菜去叶，洗净，切段；腊肉切片。

❷ 锅中倒油烧热，放入腊肉片煸炒至腊肉的肥肉部分变得透明且腊肉片卷曲，捞出沥油。

❸ 锅留底油烧热，放入剁椒炒香，加入芹菜段翻炒片刻，倒入腊肉炒匀，调入精盐、鸡精、蚝油炒匀，出锅装盘即成。

做法支招：选购腊肉时，以色泽鲜亮、肌肉暗红、脂肪透明呈乳白色、肉质结实干燥，有腊肉固有的香味为佳。

腊肉炒水芹

主料 腊肉、芦笋各150克。

调料 蒜片、生抽、盐、水淀粉、食用油各适量。

做法

❶ 芦笋洗净，斜切成段；腊肉切薄片。

❷ 锅内倒水烧开，加一点盐，放入芦笋焯烫1分钟，捞出沥干，再放入腊肉稍煮，捞出沥干。

❸ 锅内倒油烧热，放入蒜片、腊肉炒至腊肉出油，倒入芦笋、生抽、盐快速翻炒均匀，倒入水淀粉收汁即可。

做法支招：芦笋要选择新鲜的，这样才能嚼动。

腊肉炒芦笋

芥蓝腊肉

主料 腊肉、芥蓝各200克，红椒50克。

调料 蒜片、精盐、酱油、鸡精、白糖、白酒、水淀粉、食用油各适量。

做法

① 腊肉洗净，切片，放入沸水锅煮5分钟，捞出沥水；芥蓝洗净，放入沸水锅烫熟，捞出装盘中；红椒洗净，去蒂、去子，切段。

② 锅中倒油烧热，放入蒜片、红椒段爆香，加入腊肉片、鸡精、精盐、酱油、白酒、白糖、适量水拌炒均匀，用水淀粉勾芡，倒在芥蓝上即成。

做法支招：将芥蓝放入沸水中焯一下再炒，口感更好。

萝卜干炒腊肉

主料 白萝卜干、腊肉各200克。

调料 葱丝、干辣椒、精盐、鸡精、食用油各适量。

做法

① 白萝卜干用温水泡发，切条，放入沸水锅焯烫5分钟，捞出沥水；腊肉洗净，放入蒸锅蒸熟，取出凉凉，切片。

② 锅中倒油烧热，放入干辣椒炒香，加入腊肉片炒至出油，倒入萝卜干翻炒均匀，加入鸡精、精盐、葱丝炒匀，出锅即成。

饮食宜忌：为防止摄入亚硝酸盐等有害物质，在食用腊肉之前应将其浸泡洗净，以降低有害物质的含量。

茭白烧腊肉

主料 茭白300克，腊肉100克。

调料 葱花、糖、酱油、盐、鸡粉、水淀粉、食用油各适量。

做法

① 将茭白削去外皮，切去根部，用刀背拍松软，切条；腊肉洗净，切条。

② 锅中倒油烧热，放入茭白条炸至五成熟，捞出沥油。

③ 锅留底油烧热，放入腊肉炒香，加入茭白、糖、酱油，焖烧片刻后加入水和鸡粉焖烧至熟，加入水淀粉勾芡，加盐调味，起锅撒入葱花即可。

饮食宜忌：凡患肾脏疾病、尿路结石或尿中草酸盐类结晶较多者，不宜多食茭白。

主料 罗汉笋、腊肠各200克。

调料 蒜末、干辣椒段、精盐、鸡精、食用油各适量。

做法

❶ 罗汉笋洗净，切片，放入沸水锅焯烫片刻，捞出沥水；腊肠切片。

❷ 锅中倒油烧热，放入蒜末、干辣椒段爆香，放入腊肠片翻炒片刻，加入罗汉笋片炒熟，放入精盐、鸡精调味，出锅即成。

做法支招：选购腊肠首先要腊肠外表干燥，肉色鲜明，如果瘦肉成黑色，肥肉成深黄色，且散发出异味，表示已过期，不要购买。

腊味炒罗汉笋

主料 腊肠、年糕各150克，蜜豆、红椒各50克。

调料 精盐、食用油各适量。

做法

❶ 腊肠切段；年糕切片；蜜豆洗净，切段；红椒洗净，切片。

❷ 锅中倒油烧热，放入腊肠、年糕、蜜豆、红椒同炒至熟，加精盐调味即成。

做法支招：糯米食品宜加热后食用，冷糯米食品不但很硬，影响口感，更不易消化。

腊肠炒年糕

主料 菜花200克，培根150克，朝天椒50克。

调料 香菜段、甜辣酱、蒜末、精盐、生抽、食用油各适量。

做法

❶ 菜花洗净，掰成小朵，放入沸水锅中焯烫片刻，捞出沥水；培根切片；朝天椒洗净，切末。

❷ 锅中倒油烧热，放入蒜末、朝天椒末炒香，加入菜花、甜辣酱、精盐、生抽翻炒至熟。铁板烧热，放入培根煎至出油，放入菜花，撒匀香菜段即成。

营养小典：菜花具有补脑髓、利脏腑、开胸膈、益心力、壮筋骨等作用。

铁板花椰菜

火腿茄子

主料 火腿、茄子各150克，青椒、红椒各50克。

调料 姜片、精盐、鸡精、白糖、蚝油、生抽、水淀粉、食用油各适量。

做法

1. 火腿切片；茄子洗净，去蒂把、皮，切条；青椒、红椒均洗净，切片。

2. 锅中倒油烧热，放入姜片、青椒片、红椒片、茄子条炒至断生，加入火腿片、精盐、鸡精、白糖、蚝油、生抽，大火爆炒片刻，用水淀粉勾芡，炒匀即可。

做法支招：如果做菜时火腿用不完，夏天炎热不宜存放，可在开口处涂些葡萄酒，包好后放入冰箱，可保持原有口味。

辣汁泥肠

主料 泥肠350克，洋葱、胡萝卜各50克。

调料 干辣椒、酱油、鸡精、白糖、食用油各适量。

做法

1. 泥肠洗净，切成片；洋葱、胡萝卜均去皮，洗净，切丝；干辣椒洗净，切丝。

2. 锅中倒油烧热，放入干辣椒丝、洋葱丝、胡萝卜丝炒香，倒入酱油、白糖、鸡精、泥肠翻炒均匀，出锅即成。

营养小典：此菜健胃消食，补脾益气。

香辣猪皮

主料 猪皮350克，青椒、酸萝卜各50克。

调料 蒜片、干辣椒、精盐、白糖、料酒、香油、食用油各适量。

做法

1. 猪皮洗净，放入沸水锅煮熟，捞出凉凉，切条；青椒洗净，切片；干辣椒切段；酸萝卜切片。

2. 锅中倒油烧热，放入蒜片、干辣椒爆香，加入猪皮、青椒片炒匀，加入酸萝卜翻炒片刻，加入精盐、白糖、料酒调味，淋入香油即可。

营养小典：猪皮营养丰富，可增强皮肤弹性，保持柔嫩，增加光泽。

主料　猪脚500克，红椒20克。

调料　卤料包1个，剁椒、蚝油、酱油、盐、味精、食用油各适量。

做法

❶ 猪脚去毛，洗净，一剖为四，入沸水锅大火汆3分钟，捞出冲凉；红椒切小段。

❷ 卤料包放入水锅内，小火烧开，放入猪脚，小火卤至肉烂皮脆，捞出。

❸ 锅内倒油烧热，放入红椒、剁椒煸香，放入猪脚小火炒3分钟，加盐、味精、蚝油、酱油调味，出锅倒入烧热的不锈钢桶内，再移入木桶内即可。

做法支招：注意卤制时间不宜超过40分钟。

木桶猪脚

主料　猪蹄350克，青尖椒、红尖椒各50克。

调料　食用油、精盐、鸡精、花椒、香葱段、白糖各适量。

做法

❶ 猪蹄洗净，从中间剁开，放入沸水锅汆至熟，捞出斩块；青尖椒、红尖椒均洗净，切段。

❷ 锅中倒油烧热，放入香葱段、花椒爆香，加入猪蹄、青尖椒、红尖椒，调入精盐、鸡精、白糖，迅速炒匀即可。

营养小典：此菜促进消化，清热凉血，增加皮肤弹性。

辣炒猪蹄

主料　卤猪耳350克，红椒100克。

调料　葱叶丝、酱油、白糖、鸡精、辣椒油、香油、食用油各适量。

做法

❶ 卤猪耳切丝；红椒洗净，去蒂、去子，切丝。

❷ 锅中倒油烧热，放入葱叶丝、红椒丝炒香，加入卤猪耳丝、酱油、白糖、鸡精炒匀，淋入辣椒油、香油，出锅即成。

营养小典：猪耳含有蛋白质、脂肪、糖类、维生素及钙、磷、铁等，具有健脾胃的功效，适用于气血虚损、身体瘦弱者食用。

辣油耳丝

米豆腐炒猪血

主料 米豆腐、猪血各150克，小米椒50克。

调料 葱花、姜末、蒜蓉、红油、豆瓣酱、蚝油、酱油、鲜汤、盐、鸡精、食用油各适量。

做法

① 将米豆腐和猪血洗净，均切块，放入开水中焯透，捞出沥水；小米椒剁成辣椒蓉。

② 炒锅倒油烧热，下入姜末、蒜蓉煸香，加入米豆腐、猪血炒匀，放豆瓣酱、辣椒蓉、鲜汤、盐、鸡精、蚝油、酱油和少许水，翻炒至汤汁收干，淋红油，撒葱花即可。

做法支招：在焯米豆腐和猪血的时候可在开水中加入一点盐和酱油。

小炒猪心

主料 猪心200克，芹菜100克，熟芝麻10克。

调料 剁椒、葱花、姜蒜末、胡椒粉、鸡精、料酒、生抽、盐、食用油各适量。

做法

① 猪心洗净，切片，加入料酒、胡椒粉、鸡精拌匀腌渍20分钟；芹菜去叶洗净，切段。

② 锅中倒油烧热，放入腌渍好的猪心，大火爆炒至猪心变色，继续翻炒2分钟，放入姜末、蒜末、剁椒炒匀，加入芹菜，翻炒3分钟，加盐、葱花、生抽炒匀，撒熟芝麻即可。

做法支招：处理猪心时要去掉脂膜，切去头上的血管。

小炒猪肝

主料 猪肝200克，蒜薹、红辣椒各15克。

调料 葱末、蒜末、盐、糖、食用油各适量。

做法

① 将猪肝清洗干净，切片；蒜薹洗净，切小段；红辣椒洗净切碎。

② 锅内倒油烧热，下红辣椒、葱末、蒜末爆香，放入猪肝片翻炒至变色，放入蒜薹炒匀，加盐、糖调味即可。

饮食宜忌：猪肝要反复清洗，而且不能过量食用。

主料　猪肝300克，洋葱50克。

调料　葱花、蒜片、辣豆瓣酱、酱油、料酒、糖、盐、食用油各适量。

做法

① 将猪肝洗净，切片，用辣豆瓣酱、酱油和料酒抓匀腌15分钟；洋葱切片。

② 炒锅倒油烧热，放入蒜片爆香，放入猪肝滑散，翻炒2分钟，捞出滤油。

③ 净锅倒油烧热，放入洋葱、葱翻炒几下，放入盐翻匀，加入猪肝、糖，爆炒1分钟，出锅即可。

营养小典：猪肝中铁质丰富，是补血食品中最常用的食物。食用猪肝可调节和改善贫血病人造血系统的生理功能。

爆炒猪肝

主料　猪肝、猪腰各200克。

调料　泡椒、泡姜、蒜瓣、豆瓣酱、酱油、鸡精、料酒、淀粉、花椒、食用油各适量。

做法

① 猪肝、猪腰均洗净，猪肝切片，猪腰剞十字花刀后切块，加入淀粉、料酒拌匀。

② 锅中倒油烧热，放入花椒炸香，倒入猪肝片、猪腰块翻炒片刻，倒入豆瓣酱炒匀，加入泡姜、泡椒、蒜瓣快速翻炒均匀，加入酱油、鸡精调味，起锅装盘即成。

做法支招：猪腰分内外两层，外层称皮质，可以食用，内层为髓体，俗称腰臊，是臊味的来源，应去除。

酱爆肝腰球

主料　猪腰400克，油炸腰果100克。

调料　干辣椒、葱花、姜蒜片、精盐、鸡精、酱油、白糖、醋、料酒、花椒、淀粉、食用油各适量。

做法

① 猪腰洗净，从中间切开，去除腰臊，在一面剞十字花刀，再切条；干辣椒洗净，切段；精盐、鸡精、白糖、醋、酱油、料酒和淀粉调成味汁。

② 锅中倒油烧热，放入干辣椒段、花椒爆香，放入猪腰块炒散，放入葱花、姜蒜片翻炒片刻，烹入味汁炒熟，撒上油炸腰果即成。

营养小典：养血，益气，补肾。适用于血损肾亏所致的心悸、气短、腰酸痛、自汗等症。

宫保腰块

麻辣腰花

主料 猪腰350克，油菜心100克。

调料 葱姜蒜末、辣椒、花椒、酱油、味精、料酒、淀粉、盐、食用油各适量。

做法

1. 将猪腰从中间片开，去除腰臊，斜切十字花刀，再切成条，入沸水锅汆烫后捞出；油菜心洗净；葱姜蒜末、酱油、料酒、盐、味精、淀粉放入小碗中，调成味汁。

2. 炒锅倒油烧热，放入花椒、辣椒煸香，放入猪腰、油菜心炒匀，倒入味汁，翻炒2分钟即可。

营养小典：油菜为低脂肪蔬菜，且含有膳食纤维，有减脂瘦身功效。

干煸牛肉丝

主料 牛里脊肉300克，香芹25克。

调料 青花椒、干辣椒、辣椒粉、豆瓣酱、姜丝、糖、料酒、食用油各适量。

做法

1. 牛里脊肉洗净，切丝；香芹洗净，切段。

2. 锅内倒入少许底油，小火将牛肉丝炒至变白，转大火继续煸炒至牛肉渗出的水分被完全炒干，转中火加少许油继续煸炒至牛肉丝变为棕色，盛出。

3. 锅留底油烧热，放入青花椒、姜丝、干辣椒、豆瓣酱炒香，加入煸好的牛肉丝、香芹段炒匀，加入料酒、糖、辣椒粉炒匀出锅即可。

做法支招：切牛肉丝的时候要顺着肉的纹路切。

麻椒牛肉

主料 牛肉200克，红辣椒50克。

调料 麻椒、葱花、姜蒜末、料酒、淀粉、鸡精、酱油、盐、食用油各适量。

做法

1. 牛肉切片，加入盐、料酒、淀粉腌拌30分钟；麻椒用温水泡10分钟；红辣椒切段。

2. 锅内倒油烧热，爆香姜蒜末，放入牛肉片滑散，加麻椒、香葱炒香，加酱油上色，加入红辣椒、盐、鸡精，炒至牛肉断生即可。

做法支招：如果不想吃到麻椒，可以使用麻椒油。

主料 牛肉500克。

调料 姜末、干辣椒段、孜然粉、花椒粉、辣椒粉、糖、酱油、白酒、淀粉、盐、味精、食用油各适量。

做法

① 将牛肉切片放入大盆内,放入盐、孜然粉、味精、花椒粉、糖、辣椒粉、姜末、酱油、白酒,用手充分搅拌至味道充分渗透入肉片内,搁置30分钟,加入淀粉抓匀。

② 油锅烧热,放入牛肉片炸至水分炸干,捞出沥油。

③ 锅留底油烧热,投入干红辣椒段爆香,放入牛肉片炒匀即可。

做法支招:牛肉片切得略厚些,分数次摊入锅炸。

麻辣牛肉干

主料 牛柳300克,甜豆100克。

调料 蒜蓉酱、料酒、胡椒粉、酱油、淀粉、盐、食用油各适量。

做法

① 牛柳洗净,切条,加入酱油、淀粉、料酒腌拌5分钟;甜豆洗净。

② 炒锅倒油烧热,加入蒜蓉酱、牛柳、甜豆,大火拌炒5分钟,放入盐、胡椒粉,炒熟即可。

营养小典:牛肉富含蛋白质,其氨基酸组成比猪肉更接近人体需要,能提高机体抗病能力。

蒜香牛柳

主料 牛肉250克,红尖椒、香葱各30克。

调料 姜末、酱油、料酒、香油、辣椒油、盐、鸡精、食用油各适量。

做法

① 将牛肉横刀切片;红尖椒斜切成圈;香葱切段。

② 锅中倒油烧热,放入牛肉片,大火煸炒至牛肉水分收干,放入料酒、酱油、姜末炒匀,加入红尖椒、辣椒油、香葱、盐、鸡精调味,淋入香油即可。

做法支招:牛肉用淀粉抓一抓,可以让肉质更加鲜嫩。

小炒牛肉

滑子菇炒牛肉

主料 牛肉300克，滑子菇100克。

调料 酱油、料酒、糖、葱末、姜末、八角茴香、盐、食用油各适量。

做法

① 牛肉洗净，切块；滑子菇洗净。

② 锅中倒油烧热，放入葱末、姜末爆香，加入牛肉块煸炒至五成熟，放入酱油、八角茴香，加水淹没牛肉，加入糖、料酒、盐，大火烧沸，转小火焖至牛肉八成熟，放入滑子菇，中火烧至汤汁浓稠即可。

做法支招：如果是干滑子菇的话，要先用凉水泡发开，洗净。

粉丝炒牛肉

主料 牛肉250克，干粉丝50克。

调料 葱末、蒜片、豆瓣酱、蚝油、盐、淀粉、糖、食用油各适量。

做法

① 牛肉切小块，用盐、糖、蚝油、淀粉腌拌30分钟；干粉丝用水煮开，用冷水冲洗几次，控干水。

② 锅内倒油烧热，放豆瓣酱、蒜片、葱末爆香，放入牛肉爆炒至八成熟，放入粉丝、蚝油和少许水，盖上锅盖焖煮1分钟，翻炒片刻即可。

做法支招：粉丝很容易煮烂，而且很容易吸水，所以水要放足，焖的时间也不宜过长。

西芹豆豉滑牛肉

主料 牛肉300克，西芹100克。

调料 姜丝、蒜末、豆豉、生抽、淀粉、料酒、甜面酱、糖、盐、食用油各适量。

做法

① 牛肉洗净切丝，加入生抽、淀粉、豆豉腌拌10分钟。

② 西芹洗净切小段，用开水汆烫后捞出，过凉水沥干。

③ 锅内倒油烧热，放入姜丝、蒜末爆香，放入牛肉滑熟，加甜面酱、糖、料酒煸炒片刻，倒入西芹，加盐炒匀即可。

做法支招：芹菜的叶子可以留下来拌凉菜。

麻辣豆腐炒牛肉

主料 牛肉、豆腐各150克，豌豆50克。

调料 葱蒜末、辣椒粉、花椒粉、味精、水淀粉、豆豉、盐、食用油各适量。

做法

❶ 豆腐切丁；牛肉洗净切丁；豌豆洗净；豆豉碾碎与花椒粉混合均匀。

❷ 将豆腐丁放入沸水锅汆烫片刻，捞出沥水。

❸ 锅中倒油烧热，放入葱蒜末爆香，倒入牛肉炒至半熟，加入豆腐、豌豆、辣椒粉、花椒粉、盐、豆豉、味精炒匀，用水淀粉勾芡即可。

做法支招：也可以根据自己的喜好，选择内酯豆腐。

黄豆烩牛肉

主料 牛肉300克，酥黄豆150克。

调料 葱花、姜末、蒜末、酱油、糖、水淀粉、盐、食用油各适量。

做法

❶ 牛肉洗净，切丁。

❷ 锅内倒油烧热，放入葱花、姜末、蒜末爆香，加入牛肉丁炒至变色，翻炒3分钟，调入糖、酱油、盐，倒入适量水焖至牛肉熟，用水淀粉勾芡，入酥黄豆拌匀即可。

做法支招：一定要用酥黄豆，这样炒出来才松脆可口。

爆炒牛肉

主料 牛腱子肉500克，干香菇20克，芝麻10克。

调料 葱白、姜蒜末、酱油、料酒、米醋、辣椒粉、味精、盐、食用油各适量。

做法

❶ 牛腱子肉洗净，去筋膜，切片；葱白洗净，切片；干香菇水发洗净，去蒂切条。

❷ 牛肉放大碗中，加入芝麻、蒜末、姜末、酱油、辣椒粉、料酒、味精搅拌均匀腌渍30分钟。

❸ 炒锅倒油烧热，放入牛肉片、香菇丝、葱白片爆炒至牛肉熟，放入蒜末、米醋、盐、味精炒匀即可。

做法支招：腱子肉即前后腿肉，前腿肉称前腱，后腿肉称后腱，筋肉相同呈花形。

爆炒牛肚

主料 熟牛肚200克，香菇100克，红椒、青椒各15克。

调料 葱姜末、糖、水淀粉、鲜汤、盐、味精、食用油各适量。

做法

① 熟牛肚洗净，改刀切条；香菇、红椒、青椒均切条。

② 牛肚条、香菇、红椒、青椒同入滚水锅焯烫后捞出，沥干水分。

③ 炒锅倒油烧热，倒入牛肚条、香菇、红椒、青椒，大火炒匀，放入盐、糖、葱姜末和少许鲜汤，煨至入味，加味精调味，用水淀粉勾芡即可。

做法支招：如果是泡发的干香菇，注意不要在水中泡很长的时间。

小米椒烧羊肉

主料 羊肉400克，小米椒15克，鲜红椒5克。

调料 姜片、蒜片、葱段、八角茴香、桂皮、香叶、料酒、盐、味精、食用油各适量。

做法

① 羊肉洗净，入锅，加入适量水、八角茴香、桂皮、香叶、料酒，中火煮至断生，捞出切块；小米椒剁碎；鲜红椒切圈。

② 炒锅倒油烧热，下入姜蒜片、八角茴香、桂皮、葱段、小米椒、鲜红椒煸香，加入羊肉块，煸炒至水分收干，烹入料酒，加盐、味精调味即可。

做法支招：烹饪的时候如果没有料酒，可以用黄酒或者白酒代替。

麻椒羊排

主料 羊排500克。

调料 麻椒、葱花、姜片、蒜末、干辣椒、花椒、八角茴香、料酒、盐、食用油各适量。

做法

① 羊排洗净切好，放入热油锅炸透炸酥。

② 锅留底油烧热，放入葱花、姜片、蒜末炒香，倒入炸好的羊排，加入麻椒、干辣椒、盐、花椒、八角茴香炒匀，出锅前放入料酒，推匀即可。

做法支招：羊排一定要用油炸透，这样味道才鲜美。

主料 羊后腿肉200克，腊八豆100克，鸡蛋1个(约60克)。

调料 葱末、姜末、料酒、淀粉、食用油各适量。

做法

❶ 羊后腿肉洗净，切片，加入姜末、料酒、鸡蛋、淀粉拌匀腌渍30分钟，加入食用油拌匀，放入冰箱冷藏室冷藏3小时，取出。

❷ 锅中倒油烧热，放入葱末、腊八豆炒香，加入羊肉片炒熟，出锅装盘即成。

营养小典：此菜入口不腻，营养丰富，补益壮身。

腊八豆炒羔羊肉

主料 羊肉350克。

调料 干辣椒、葱姜丝、蒜末、精盐、鸡精、酱油、胡椒粉、花椒水、食用油各适量。

做法

❶ 羊肉洗净，切丝，加精盐、花椒水、胡椒粉拌匀；干辣椒洗净，泡软，切丝。

❷ 锅置火上，倒油烧热，放入干辣椒丝煸至变色时，捞出辣椒丝不用，放入羊肉丝煸至肉丝呈深黄色，加入葱姜丝、蒜末翻炒片刻，加入酱油、鸡精调味，炒匀即成。

做法支招：羊肉中有很多膜，切丝之前应先将其剔除，否则炒熟后肉膜硬，吃起来难以下咽。

家常炒羊肉丝

主料 羊肉200克，杭椒、芹菜各50克。

调料 泡姜丝、香菜段、豆瓣酱、精盐、水淀粉、食用油各适量。

做法

❶ 羊肉洗净，切丝，加入水淀粉腌渍片刻；杭椒洗净，切丝；芹菜洗净，切段。

❷ 锅置火上，倒油烧热，放入羊肉丝滑炒片刻，盛出沥油。

❸ 锅留底油烧热，放入杭椒丝、泡姜丝、芹菜段、香菜段，加入豆瓣酱、羊肉丝，加精盐调味，炒匀即成。

营养小典：此菜补体虚，祛寒冷，温补气血。

杭椒炒羊肉丝

川香羊排

主料 羊排500克，烟笋100克，熟芝麻少许。

调料 葱段、辣椒段、豆瓣酱、八角茴香、桂皮、料酒、酱油、盐、味精、食用油各适量。

做法

① 将羊排洗净，砍成小块，入汤锅，加适量水、八角茴香、桂皮，煮烂，捞出；烟笋泡发后，切成小条。

② 锅中倒油烧热，下豆瓣酱、辣椒段、烟笋略炒，再加入羊排，烹入料酒炒香，加盐、味精、酱油、葱段炒匀，撒上熟芝麻，出锅即可。

做法支招：羊排可以用开水煮一下，去除掉一些膻味。

爆炒羊肚

主料 熟羊肚200克，红椒50克。

调料 葱、酱油、盐、食用油各适量。

做法

① 红椒洗净，去子切片；葱切斜片；羊肚切丝。

② 锅中倒油烧热，放入羊肚翻炒片刻，放入葱片炒匀，待葱变软，放入红椒，加盐、酱油调味即可。

做法支招：羊肚不要炒的时间过长，以免变硬，影响口感。

小炒驴肉

主料 熟驴肉300克，芹菜、洋葱各50克。

调料 香菜段、葱花、姜末、十三香粉、鸡精、盐、食用油各适量。

做法

① 驴肉、芹菜、洋葱均切丁。

② 锅中倒油烧热，放入葱花、姜末爆香，放入洋葱丁、芹菜丁炒匀，加入驴肉、十三香粉、鸡精翻炒片刻，加盐调味，加入香菜段翻炒几下，出锅即可。

营养小典：驴肉含有动物胶、骨胶原和钙、硫等成分，能为体弱、病后调养的人提供良好的营养补充。

主料　兔肉、子姜各200克，鸡蛋清30克。
调料　精盐、鸡精、料酒、水淀粉、香油、食用油各适量。

做法

① 兔肉洗净，切丝，加入鸡蛋清、精盐、鸡精、料酒、水淀粉、香油抓匀腌渍30分钟；子姜洗净，切丝。

② 锅置旺火上，倒油烧热，加入兔肉丝滑散至颜色发白，倒出控油。

③ 锅留底油烧热，放入子姜丝煸香，倒入兔肉丝翻炒片刻，烹入料酒、精盐、水淀粉和适量水炒匀，起锅装盘即成。

营养小典：此菜补中益气、凉血解毒、清热止渴。

姜芽炒兔丝

主料　净兔肉400克。
调料　葱段、姜片、精盐、料酒、冰糖、鲜汤、食用油各适量。

做法

① 净兔肉切丁，加入精盐、料酒、姜片、葱段拌匀腌渍20分钟。

② 锅置旺火上，倒油烧热，放入兔肉丁炸至呈金黄色，捞出，待锅内油温回升，放入兔肉丁复炸至呈棕红色，捞出沥油。

③ 锅留底油烧热，放入冰糖加热至糖溶化，加入鲜汤、兔肉丁、精盐，小火收至汤汁将干即成。

做法支招：兔肉必须顺着纤维纹路切，这样加热后，才能保持菜肴的形态整齐，肉味鲜嫩。

冰糖兔丁

主料　兔腿400克，干灯笼椒100克。
调料　姜蒜片、精盐、鸡精、生抽、料酒、花椒、辣椒粉、食用油各适量。

做法

① 兔腿洗净，切段，放入沸水锅汆烫片刻，捞出冲洗干净，沥水，加入姜蒜片、花椒、辣椒粉、精盐、料酒、鸡精拌匀腌渍2小时。

② 锅置火上，倒油烧热，放入兔腿炸至酥熟，捞出沥油。

③ 锅留底油烧热，放入姜蒜片爆香，加干灯笼椒、花椒、生抽、鸡精炒匀，放入兔腿翻炒均匀即成。

饮食宜忌：兔肉不能与鸡心、鸡肝、橘、鳖肉同食。

干煸兔腿

冷吃兔

主料 兔肉400克。

调料 干辣椒段、姜片、蒜片、八角茴香、花椒、酱油、料酒、糖、盐、食用油各适量。

做法

① 兔肉洗净，切小块。

② 锅中倒油烧热，放入兔肉煸炒到腥味挥发尽，表皮微焦，捞出沥油。

③ 锅留底油烧热，放入八角茴香、干辣椒、花椒、姜片、蒜片炒香，放入兔肉，倒入酱油、料酒，炒至兔肉变成棕黄色，放入糖、盐炒匀即可。

做法支招：可以根据自己的口味加少许橘子皮，去兔肉的腥味。

麻辣兔腿

主料 兔腿400克。

调料 辣椒、姜片、花椒、桂皮、香叶、酱油、糖、料酒、麻油、盐、食用油各适量。

做法

① 兔腿整只入锅汆烫至变色，捞出洗净，剁块。

② 锅内倒油烧热，下姜片、桂皮、香叶、花椒、辣椒煸香，倒入兔腿肉炒香，调入料酒、盐、酱油、糖炒匀，加入适量水，盖上锅盖，大火烧开，转中火焖煮30分钟，转大火收汁，淋少许麻油即可。

做法支招：最后起锅收汁转大火，汁水会充分地把肉块包裹住，色泽更漂亮。

宫保鸡丁

主料 嫩鸡脯肉300克，油酥花生仁50克。

调料 干辣椒、酱油、白糖、花椒、葱末、姜蒜片、精盐、鸡精、水淀粉、食用油各适量。

做法

① 鸡脯肉拍松，切丁，加精盐、酱油、水淀粉拌匀；干辣椒去子，切段；碗中放入精盐、白糖、酱油、鸡精、水淀粉调成味汁。

② 炒锅倒油烧热，放入干辣椒段炸成棕红色，放入花椒、鸡丁炒散，加入姜蒜片、葱末炒香，烹入味汁，加入花生仁，颠翻片刻，起锅装盘即成。

做法支招：此菜所用鸡肉通常是鸡胸肉，其实用鸡腿肉更好吃，更嫩。

萝卜炒鸡丁

主料　鸡腿肉、酸萝卜各200克。

调料　香菜段、姜丝、剁椒、精盐、鸡精、料酒、淀粉、食用油各适量。

做法

❶ 鸡腿肉洗净，切丁，装碗中，加入淀粉、料酒、精盐拌匀腌渍10分钟；酸萝卜用清水浸泡20分钟，捞出冲净，切丁。

❷ 锅置火上，倒油烧热，放入姜丝爆香，放入鸡丁炒熟，加入酸萝卜丁、剁椒，调入精盐、鸡精翻炒均匀，撒上香菜段即成。

营养小典：此菜温中补脾，益气养血，补肾益精。

剁椒炒鸡丁

主料　鸡脯肉250克，青椒100克。

调料　香菜末、葱姜蒜末、剁椒、精盐、鸡精、食用油各适量。

做法

❶ 鸡脯肉洗净，切丁；青椒洗净，切段。

❷ 锅置火上，倒油烧热，放入鸡丁煎香，加入葱姜蒜末炒匀，加入青椒、剁椒翻炒片刻，放入少许水焖至汤汁将干，放入精盐、鸡精、香菜末炒匀即成。

营养小典：鸡腿肉蛋白质的含量比例较高，种类多，而且消化率高，很容易被人体吸收利用。

重庆辣子鸡

主料　鸡腿500克。

调料　干辣椒、葱花、姜片、辣豆瓣酱、精盐、鸡精、白糖、醋、花椒、料酒、淀粉、食用油各适量。

做法

❶ 鸡腿洗净，切块，加淀粉抓匀；干辣椒洗净，切段。

❷ 锅置火上，倒油烧热，放入鸡块炸至表面发干，捞出沥油。

❸ 锅留底油烧热，放入花椒炒出麻香味，加入干辣椒段、葱花、姜片、辣豆瓣酱煸香，放入鸡块，烹入料酒，加入精盐、鸡精、白糖煸炒出麻辣味，烹入醋，出锅装盘即成。

营养小典：此菜健脾开胃，强身健体。

辣姜鸡

主料 净仔鸡1只(约600克),嫩姜50克。

调料 剁椒末、香葱段、料酒、红油、酱油、醋、清汤、盐、味精、食用油各适量。

做法

1. 锅内倒入清汤、料酒,放入香葱段、姜片、净仔鸡,小火煮至仔鸡熟,捞出;嫩姜去皮,切末。

2. 锅内倒油烧热,下入姜末、剁椒末炒香,加入余下调料炒开,倒碗中。

3. 将煮好的鸡切成条,按原形码入盘内,浇上炒好的味汁即可。

做法支招:仔鸡一定要用小火以浸煮的方法煮制,火太大鸡肉会变老。

麻辣仔鸡

主料 仔鸡400克,青蒜20克。

调料 干辣椒、花椒、料酒、酱油、醋、水淀粉、香油、盐、味精、食用油各适量。

做法

1. 将干辣椒切段;青蒜切段;仔鸡洗净,切成小块,加入料酒、酱油、水淀粉腌拌30分钟。

2. 锅中倒油烧热,下入鸡丁拨散,略炸捞出,待油温升高,再次下入鸡丁炸至呈金黄色捞出。

3. 锅留底油烧热,下入干辣椒、花椒炒香,下入鸡丁,烹入料酒、酱油、醋、盐、味精炒匀,下入青蒜略炒,用水淀粉勾芡,淋入香油即可。

做法支招:青蒜不要长时间煸炒,否则会影响口感。

蜀味香辣鸡

主料 嫩鸡300克,红椒、青椒、香菇各25克。

调料 葱花、姜丝、酱油、料酒、盐、味精、食用油各适量。

做法

1. 将嫩鸡洗净,剁成条;青椒、红椒均洗净,去蒂、去子,切条;香菇洗净,切条。

2. 将剁好的鸡条加适量酱油抓匀,用九成热油炸至深红色,捞出沥油。

3. 锅留底油烧热,放入葱花、姜丝爆香,加料酒、酱油、盐、鸡条、香菇炒匀,倒入少许水煨烧至鸡肉熟,加青椒、红椒炒匀,加味精调味即可。

做法支招:鸡肉可以氽烫一下后再烹制,这样可以去除多余的油脂。

主料 鸡翅根300克。

调料 葱段、姜蒜片、干辣椒、花椒、料酒、糖、盐、味精、食用油各适量。

做法

① 将鸡翅根剁成小块，加入盐、料酒腌拌30分钟；干辣椒切段。

② 锅内倒油烧热，放入鸡块炸至外表变干成深黄色，捞起沥油。

③ 锅留底油烧热，倒入姜蒜片、干辣椒、花椒炒香，倒入炸好的鸡块，炒至鸡块均匀地分布在辣椒中，撒入葱段、盐、味精、糖，炒匀即可。

营养小典：鸡肉含丰富的蛋白质，而且脂肪的含量比较少，适宜想要减肥的人食用。

川辣鸡翅

主料 鸡胸肉200克，青椒100克，笋尖20克。

调料 香菜段、葱姜丝、干红椒丝、料酒、盐、味精、食用油各适量。

做法

① 鸡肉洗净，切丝；青椒去蒂、子，洗净，切丝；笋尖洗净，切丝，与青椒丝同放入沸水锅焯烫后捞出。

② 炒锅倒油烧热，下入干红椒丝煸香，加葱姜丝、鸡丝，煸炒至鸡丝变色，加入青椒丝、笋丝、料酒、盐、味精、香菜段，煸炒至熟即可。

做法支招：为了保持鸡丝的美味口感，最好选择手撕的方法。

辣味鸡丝

主料 鸡胸肉300克。

调料 葱花、姜末、脆椒、料酒、淀粉、盐、味精、食用油各适量。

做法

① 鸡胸肉洗净切丁，加入料酒、盐腌拌入味，拍上淀粉。

② 将鸡肉放入六七成热油中，炸至金黄色捞出。

③ 锅留底油烧热，放入葱花、姜末爆香，加入鸡肉丁、脆椒、料酒炒匀，调入盐、味精，翻炒均匀即可。

营养小典：鸡肉有温中益气、补虚填精、健脾胃、活血脉、强筋骨的功效。

脆椒鸡丁

麻辣鸡爪

主料 鸡爪300克。

调料 干辣椒、姜片、蒜末、葱段、酱油、豆瓣、糖、鸡精、食用油各适量。

做法

① 鸡爪剪去指甲洗净，每个一切两半，放入沸水锅汆烫后捞出。

② 锅内倒油烧热，加入干辣椒、豆瓣、姜片、蒜末、糖、酱油煸香，倒入鸡爪翻炒片刻，加少许水，加盖焖至水干，加鸡精、葱段翻炒入味即可。

做法支招：鸡爪的指甲一定要剪干净。

鱼香凤爪

主料 鸡爪200克，泡红椒30克。

调料 葱花、姜蒜末、香油、料酒、酱油、醋、糖、盐、鸡精、食用油各适量。

做法

① 鸡爪剪去指甲，一切为二，倒入热油锅炸至表面金黄，捞出沥油。

② 将鸡爪放盘中，放入蒸锅中蒸60分钟，盛出；泡红椒切小丁。

③ 锅中倒油烧热，放入泡红椒炒出红油，加入姜蒜末炒香，加入料酒、酱油、醋、糖炒匀，倒入蒸好的鸡爪翻炒片刻，调入盐、鸡精调味，淋少许香油，撒上葱花即可。

做法支招：鸡爪筋有嚼劲，富含蛋白质和胶原蛋白。

辣炒鸡心

主料 鸡心200克，洋葱、青椒各50克。

调料 姜丝、蒜片、干辣椒段、花椒、油辣子、盐、料酒、酱油、糖、胡椒粉、食用油各适量。

做法

① 鸡心洗净，切片，加盐、料酒、酱油腌拌20分钟；洋葱、青椒均切块。

② 炒锅倒油烧热，下姜丝、蒜片、干辣椒段、花椒炒香，放入鸡心翻炒至变色，加入洋葱、青椒炒匀，加油辣子炒匀，加盐、糖调味，撒胡椒粉炒匀即可。

做法支招：鸡心一定要洗净血水才不会有异味，用流动的清水冲洗为宜。

主料 猪血、鸡杂各150克，青尖椒、红尖椒各50克。

调料 姜蒜末、辣椒酱、豆瓣酱、蚝油、水淀粉、鲜汤、盐、味精、食用油各适量。

做法

① 将猪血切块，焯水后捞出；鸡肫去筋膜，切成片；鸡肠切段；鸡肝切片；青尖椒、红尖椒均切圈。

② 锅内倒油烧热，将鸡杂加盐、味精、水淀粉上浆腌制后，迅速入锅滑油，捞出沥油。

③ 锅留底油烧热，放入姜蒜末煸香，下豆瓣酱、辣椒酱、青尖椒、红尖椒、蚝油炒匀，倒入鲜汤烧沸，下入猪血、鸡杂，大火烧开即可。

做法支招：为了保持口感，猪血、鸡杂不宜久炒。

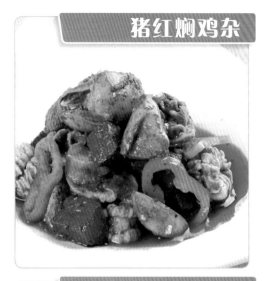
猪红焖鸡杂

主料 腊鸡肠、蕨菜各200克，红椒50克。

调料 葱段、料酒、酱油、糖、米醋、辣椒粉、香油、味精、盐、食用油各适量。

做法

① 腊鸡肠切段，入沸水锅余烫后捞出；蕨菜洗净，切段；红椒切丝。

② 锅中倒油烧热，下腊鸡肠大火煸炒1分钟，烹入料酒、米醋大火炒香，加入蕨菜、红椒丝翻炒均匀，加辣椒粉、味精、盐、酱油、糖调味，淋香油，撒葱段即可。

营养小典：蕨菜能扩张血管，降低血压。

蕨菜炒腊鸡肠

主料 水鸭1/2只，红尖椒50克。

调料 姜蒜片、豆瓣、花椒粉、白酒、蚝油、盐、鸡精、食用油各适量。

做法

① 水鸭剁小块；红尖椒切小圈。

② 锅内倒油烧热，放入鸭块爆炒片刻，淋入少许白酒，炒匀盛出。

③ 锅留底油烧热，放入姜片炒香，加入豆瓣炒匀，加入鸭块，翻炒使其入味，放入蒜片、红椒圈，加入蚝油、花椒粉、鸡精、盐，炒匀即可。

做法支招：水鸭要选用未成年的嫩子鸭，容易炒熟且肉质嫩。

湘版麻辣鸭

酸姜爆鸭丝

主料 熟熏鸭300克,蒜苗、酸姜、红辣椒各50克。

调料 酱油、白糖、鸡精、料酒、食用油各适量。

做法

① 熟熏鸭去骨,切丝;酸姜去皮,切丝;红辣椒洗净、去蒂、去子,切丝;蒜苗洗净,切长段;酱油、白糖、鸡精、料酒同入碗中,调匀成味汁。

② 炒锅点火,倒油烧热,放入熟熏鸭丝煸炒片刻,加入酸姜丝、红辣椒丝翻炒均匀,放入蒜苗段炒出香味,淋入味汁,翻炒均匀即成。

做法支招:鸭皮油多,所以炒制时无须多加油。

香辣鸭丝

主料 熟鸭脯肉400克。

调料 干辣椒、姜丝、花椒、豆瓣、精盐、鸡精、白糖、食用油各适量。

做法

① 熟鸭脯肉切丝;干辣椒洗净,切丝;豆瓣剁碎;姜丝加精盐腌渍10分钟。

② 锅置火上,倒油烧热,放入豆瓣炒香,放入干辣椒丝、花椒继续炒香,放入鸭丝、姜丝、鸡精、白糖,迅速翻炒入味即成。

营养小典:鸭肉富含B族维生素和维生素E,其脂肪酸主要是不饱和脂肪酸和低碳饱和脂肪酸,易于消化。

姜爆鸭

主料 净鸭1只,子姜50克。

调料 泡椒、花椒、豆瓣、甜面酱、精盐、酱油、鸡精、鲜汤、料酒、食用油各适量。

做法

① 净鸭剁成块,放入沸水锅氽去血水,加入酱油、精盐、鸡精、料酒、花椒拌匀腌渍20分钟;子姜去皮,洗净,切成长片;泡椒剁碎。

② 锅置火上,倒油烧热,放入花椒、子姜片炸香,加入鸭块中火爆炒至水气收干,烹入料酒翻炒至鸭块呈浅黄色,加入豆瓣、甜面酱炒香,放入泡椒末,加入精盐、鸡精、料酒及少许鲜汤,烧至汤汁收干即成。

营养小典:此菜补血行水、养胃生津。

主料 鸭腿200克，苦瓜100克，红椒50克。

调料 啤酒1罐，姜蒜片、干辣椒、花椒、豆瓣酱、糖各适量。

做法

❶ 鸭腿洗净，入锅，加入姜片、啤酒和适量水，大火煮开，转小火煮20分钟，捞出凉凉，切片；苦瓜洗净，去瓤，切片。

❷ 锅中不放油，将片好的鸭肉倒入，小火翻炒，待鸭肉的油脂析出，下姜蒜片、干辣椒、花椒炒匀，加入豆瓣酱、糖炒匀，加入苦瓜、红椒，大火快炒断生即可。

做法支招：使用啤酒煮鸭子，有助于鸭肉更嫩，同时也能随着酒精煮沸挥发掉一部分腥味。

香辣苦瓜回锅鸭

主料 鸭肫250克，青椒、红椒各50克。

调料 姜末、蒜末、郫县豆瓣酱、料酒、蚝油、淀粉、生抽、胡椒粉、盐、食用油各适量。

做法

❶ 将鸭肫洗净，切花刀，加入料酒、盐、胡椒粉、淀粉，拌匀腌渍20分钟；青椒、红椒洗净切成小丁。

❷ 锅内倒油烧热，下入姜末、蒜末、郫县豆瓣酱炒香，放入鸭肫炒熟，加入青椒、红椒丁炒匀，加入蚝油、盐、生抽，炒匀即可。

做法支招：豆瓣酱中含有盐分，所以要注意盐的摄入量。

香辣鸭肫

主料 仔鹅500克，血豆腐、红辣椒各50克。

调料 葱段、姜片、水淀粉、甜酱、料酒、盐、味精、食用油各适量。

做法

❶ 仔鹅洗净切块；血豆腐切块；红辣椒切片。

❷ 锅内倒油烧热，放入鹅肉中火煸炒30秒，烹料酒，放盐和适量水，小火焖5分钟，下入红辣椒、姜片大火煸6分钟，放入甜酱炒匀，倒入血豆腐炒匀，放入味精、葱段，用水淀粉勾薄芡即可。

做法支招：甜酱中本来就有盐分，所以不要放过多的盐。

血酱仔鹅

炒鹅肝

主料 鹅肝350克，红尖椒、洋葱各15克。

调料 孜然粉、味精、料酒、红油、香油、淀粉、盐、食用油各适量。

做法

① 鹅肝洗净，切块，加料酒、盐、味精、淀粉拌匀，放入沸水锅汆烫5分钟，捞出沥水；红尖椒、洋葱均切粒。

② 锅中倒油烧热，下红尖椒粒、洋葱粒、孜然粉炒香，加鹅肝，淋料酒，大火快炒片刻，倒入红油、香油，用盐调味，炒匀即可。

营养小典：鹅肝具有十分丰富的营养，是补血养生的极佳食物。

花椒鱼片

主料 草鱼1条(约1500克)，金针菇200克，鸡蛋清10克。

调料 姜片、葱花、花椒、胡椒粉、淀粉、料酒、盐、鸡精、食用油各适量。

做法

① 草鱼宰杀洗净，片成鱼片，加料酒、鸡蛋清、淀粉腌拌入味；金针菇入锅煮熟，捞出放碗底。

② 炒锅倒油烧至六成热，下姜片、葱花爆香，加料酒、盐、胡椒粉、鸡精和适量水烧沸，放入鱼片煮熟，倒入金针菇上。

③ 另锅倒油烧热，下花椒炸香，淋在鱼片上即可。

做法支招：麻椒比花椒的口感更冲，所以喜欢吃麻的可以改用麻椒。

香辣鲈鱼

主料 鲈鱼1条(约1000克)，西蓝花50克。

调料 糖、料酒、淀粉、胡椒粉、盐、鸡精、食用油各适量。

做法

① 鲈鱼洗净，割下头、尾留用，取中段鱼肉。

② 鱼肉片成薄片，加盐、鸡精、糖、胡椒粉、料酒腌渍入味；鱼骨剁块，与鱼头、鱼尾同拍匀淀粉；西蓝花洗净，入沸水锅焯熟后捞出。

③ 炒锅倒油烧热，下入鱼头、鱼尾、鱼骨炸熟后捞出，再将鱼片入锅滑油至熟，捞出。

④ 将鱼头、鱼尾摆放于盘两端，中间放入鱼骨、鱼片，用熟西蓝花点缀即可。

营养小典：鲈鱼肉质白嫩、清香，营养丰富。

主料　鳝鱼300克，青尖椒、红尖椒各30克。

调料　蒜片、盐、酱油、料酒、食用油各适量。

做法

❶ 将鳝鱼切段，用盐、酱油、料酒腌渍15分钟；将青尖椒、红尖椒切成丝。

❷ 锅内倒油烧热，加入蒜片煸香，倒入鳝鱼翻炒至八成熟，加入青尖椒、红尖椒、盐、酱油翻炒均匀，待鳝鱼熟透即可。

营养小典：鳝鱼中富含的DHA和卵磷脂，是构成人体各器官组织细胞膜的主要成分，而且是脑细胞不可缺少的营养。

双椒炒鳝鱼

主料　鳝鱼300克，青尖椒、红尖椒各50克。

调料　蒜片、姜片、剁椒、葱花、辣椒酱、豆豉、料酒、生抽、水淀粉、胡椒粉、盐、食用油各适量。

做法

❶ 鳝鱼洗净，切段，加入盐、胡椒粉、料酒腌拌20分钟；青尖椒、红尖椒均洗净切块。

❷ 锅内倒油烧热，放入蒜片、姜片、剁椒、豆豉、辣椒酱炒香，倒入鳝鱼段，加少许水炒匀，倒入青尖椒、红尖椒块，炒至鳝鱼熟，加盐、生抽调味，用水淀粉勾芡，撒葱花即可。

饮食宜忌：鳝鱼血清有毒，但毒素不耐热，能被胃液和高温所破坏，一般煮熟食用不会发生中毒。

小炒鳝鱼

主料　泥鳅300克，熟芝麻少许。

调料　香菜段、干辣椒、葱花、料酒、香油、花椒、盐、生抽、食用油各适量。

做法

❶ 泥鳅去肠肚，用开水烫去黏液。

❷ 锅内倒油烧热，放入泥鳅炸透捞出。

❸ 锅留少许油烧热，下入干辣椒、花椒、葱花、香菜段煸炒，放入泥鳅，加剩余调料煸炒，撒入熟芝麻即可。

做法支招：买来的泥鳅，用清水漂一下，放在装有少量水的塑料袋中，扎紧口，放在冰箱中冷冻，可使泥鳅长时间保鲜。

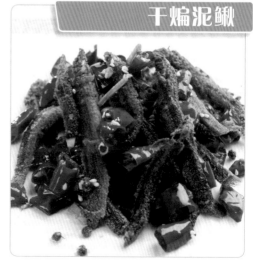

干煸泥鳅

香辣黄颡鱼

🐟 **主料** 黄颡鱼500克。

🥄 **调料** 葱花、蒜泥、姜末、香辣酱、糖、料酒、香油、香醋、食用油各适量。

🥣 **做法**

① 黄颡鱼去鳃和内脏，洗净。

② 锅内倒油烧热，放入葱花、姜末、蒜泥、香辣酱煸香，投入黄颡鱼，加料酒、糖、清水烧开，小火焖20分钟，淋入香油和香醋即可。

做法支招：香辣酱本身就有盐，所以做此道菜时可以根据自己的口味酌情放盐。

干烧鳜鱼

🐟 **主料** 鳜鱼1000克。

🥄 **调料** 葱花、姜片、辣椒酱、料酒、酱油、醋、糖、辣椒油、盐、味精、食用油各适量。

🥣 **做法**

① 将鳜鱼宰杀洗净，在鱼身两侧斜剞数刀，抹匀料酒、酱油。

② 炒锅倒油烧至五成热，放入鳜鱼，煎黄一面后，翻煎另一面，煎好后捞出。

③ 锅留底油烧热，放入葱花、姜片、辣椒酱煸香，放入料酒、盐、糖、味精和适量水，放入鳜鱼，大火烧沸，转小火烧至汤汁收干，淋上醋、辣椒油即可。

饮食宜忌：吃鱼前后忌喝茶。

豉椒牛蛙

🐸 **主料** 净牛蛙350克，红辣椒25克。

🥄 **调料** 豆豉、姜末、料酒、酱油、高汤、水淀粉、糖、盐、味精、食用油各适量。

🥣 **做法**

① 将红辣椒切碎，豆豉剁细；牛蛙放入沸水锅汆透捞出。

② 锅内倒油烧热，下入豆豉、辣椒末、姜末炒香，加入牛蛙、料酒、酱油、糖、高汤、盐，烧至牛蛙熟烂汤浓，加味精调味，用水淀粉勾芡即可。

营养小典：牛蛙可以促进人体气血旺盛、精力充沛、滋阴壮阳，有养心安神、补气之功效，有利于病人的康复。

主料 牛蛙200克，丝瓜250克。

调料 葱花、姜蒜末、豆瓣酱、油辣椒、花椒、料酒、淀粉、盐、胡椒、食用油各适量。

做法

❶ 丝瓜去皮洗净，切块；牛蛙清理干净，切块，加入盐、淀粉腌拌30分钟。

❷ 锅中倒油烧热，放入葱花、姜蒜末、花椒、胡椒煸香，加入豆瓣酱、油辣椒继续煸炒，下丝瓜，炒到半熟后倒出。

❸ 净锅倒油烧热，放入牛蛙炒至半熟，倒入丝瓜，淋少许料酒，稍稍翻炒后加水，大火烧滚，转小火焖5分钟，盛出即可。

做法支招：丝瓜的皮要去掉。

馋嘴牛蛙

主料 牛蛙250克。

调料 葱花、姜丝、蒜末、泡椒、花椒、酱油、料酒、糖、盐、鸡精、食用油各适量。

做法

❶ 牛蛙整理干净，切块，用葱姜丝、料酒、盐、花椒腌拌30分钟。

❷ 锅中倒油烧热，放入泡椒、蒜末和葱花爆香，加入腌好的牛蛙同炒，放入酱油，加入糖、鸡精略炒，倒入适量水，焖至牛蛙熟烂即可。

饮食宜忌：胃弱或胃酸过多的患者宜吃蛙肉。

泡椒牛蛙

主料 福寿螺400克。

调料 姜丝、蒜片、干辣椒、豆瓣酱、红油、酱油、料酒、盐、味精、食用油各适量。

做法

❶ 福寿螺洗去泥沙后，用钳子将每只螺的顶尖处夹破，放入盐水中氽一下，去壳。

❷ 油锅烧热，把全部调料加入锅中炒香，放入福寿螺炒熟即可。

做法支招：螺一定要用盐水氽一下，去掉其中的寄生虫。

红运福寿螺

豉香沙丁鱼

主料 沙丁鱼300克，红椒50克。

调料 姜蒜末、豆豉酱、酱油、糖、料酒、盐、食用油各适量。

做法

① 沙丁鱼去鳞、肠，尽量留头，撒上姜蒜末、盐，腌拌入味；红椒洗净，切圈。

② 锅中倒油烧热，保持中小火，将沙丁鱼放入锅中油煎至两面金黄色，加盐、糖、酱油、料酒，放入红椒圈，浇上豆豉酱，翻炒出锅即可。

营养小典：沙丁鱼体内含有的核酸、大量的维生素A和钙质，可增强记忆力。

椒辣带鱼

主料 带鱼500克，泡红椒10克。

调料 姜片、葱段、干辣椒、花椒、豆瓣酱、糖、醋、料酒、味精、盐各适量。

做法

① 将带鱼去头尾、去内脏，洗净，剁段，加入姜片、葱段、盐、料酒腌拌入味；泡红椒切成蓉。

② 锅中倒油烧热，放入带鱼段炸至金黄色，捞出控油。

③ 锅留底油烧热，放入干辣椒、豆瓣酱、泡椒蓉、花椒粒炒香，倒入适量水，放入带鱼段，加入盐、糖、醋、味精烧至带鱼入味、汤将干即可。

营养小典：带鱼的脂肪含量高于一般鱼类，且多为不饱和脂肪酸，具有降低胆固醇的作用。

麻辣带鱼

主料 带鱼500克。

调料 葱、姜、花椒、辣椒酱、干辣椒、糖、鸡精、鲜汤、料酒、香油、盐、食用油适量。

做法

① 将带鱼剪去鱼头、鱼鳍，去除内脏，洗净，切段，放入七成热的油锅中炸成黄色，捞起沥油。

② 干辣椒去蒂、子，切段，同花椒一起洒几滴清水润湿；姜拍破，葱切段。

③ 锅中倒油烧至七成热，放干辣椒、花椒炒香，放入姜、葱同炒，加入鲜汤，放入带鱼、盐、料酒、鸡精、糖和辣椒酱，大火烧沸，转小火慢烧至汤汁浓稠入味，淋入香油即可。

做法支招：带鱼的头和尾端要剪掉。

主料 小黄鱼500克，猪肉75克，竹笋50克。

调料 葱姜蒜末、料酒、鲜汤、酱油、味精、食用油各适量。

做法

❶ 小黄鱼洗净，加酱油腌渍入味；猪肉、竹笋均切片。

❷ 锅内倒油烧热，放入小黄鱼煎至呈金黄色，捞出。

❸ 锅留底油烧热，投入葱姜蒜末煸香，放入猪肉、竹笋煸炒片刻，放入小黄鱼，加料酒、酱油、糖略烧一下，倒入鲜汤，大火烧开，改小火烧煮15分钟，转旺火炒干卤汁，调入味精即可。

做法支招：竹笋最好选择新鲜的，使用罐头也可以，但是要选择不含盐分的。

焖小黄鱼

主料 墨鱼仔200克，青椒、红椒、洋葱各30克。

调料 淀粉、糖、椒盐、食用油各适量。

做法

❶ 将墨鱼仔洗净，抓匀淀粉，下入六成热油中炸酥，捞出控油；青椒、红椒、洋葱均洗净切丁。

❷ 锅中倒油烧热，放入青椒丁、红椒丁、洋葱丁煸香，倒入墨鱼仔炒匀，加椒盐、糖调味即可。

做法支招：如无鲜墨鱼仔，也可用干墨鱼烹制此菜肴。

椒盐墨鱼仔

主料 黄鱼400克，冬瓜100克。

调料 葱姜末、料酒、辣豆瓣酱、清汤、盐、味精、食用油各适量。

做法

❶ 黄鱼洗净，在鱼身两侧剞斜刀纹，用盐稍腌；冬瓜去皮去瓤，洗净，切丁。

❷ 锅中倒油烧热，下葱姜末、辣豆瓣酱煸香，加入清汤、料酒、盐烧开，下入黄鱼，中火烧至黄鱼六成熟，加入冬瓜丁，煨烧至汤汁收浓，加味精调味即可。

做法支招：豆瓣酱的味道浓郁，可掩盖鱼的腥味。

豆瓣黄鱼

双椒小黄鱼

主料 小黄鱼300克，红椒片、黄椒片各25克。

调料 蒜瓣、红油、料酒、盐、味精、食用油各适量。

做法

1. 小黄鱼洗净，用盐、料酒腌渍。
2. 锅中倒油烧热，放入小黄鱼炸至酥脆，加入红椒片、黄椒片、蒜瓣，加盐、味精、红油，炒熟即可。

做法支招：炸小黄鱼的时候注意要用大火，将鱼骨炸酥。

豉椒鲜鱿鱼

主料 鲜鱿鱼300克，青椒、红椒各50克。

调料 姜末、蒜泥、豆豉、葱段、酱油、料酒、糖、水淀粉、盐、味精、食用油各适量。

做法

1. 鲜鱿鱼洗净，剞十字花刀，切块，入沸水锅氽烫后捞出；将盐、味精、糖、酱油、水淀粉加入碗中调成味汁。
2. 锅内倒油烧热，然后下入鱿鱼炒至卷曲，盛出。
3. 锅留底油少许，加入姜末、蒜泥、豆豉、葱段炒香，加入辣椒块、鱿鱼、料酒，倒入味汁炒匀即可。

做法支招：鱿鱼翻炒一下即可盛出，避免炒老。

香辣鱿鱼须

主料 鱿鱼须200克，青椒、红椒各30克。

调料 蒜片、鸡精、盐、孜然、食用油各适量。

做法

1. 将鱿鱼须洗净，去掉表皮，切成段；青椒、红椒均洗净去子，切片。
2. 锅中倒水烧沸，放入鱿鱼须氽烫后捞出，沥水。
3. 锅内倒油烧热，放入蒜片炒香，倒入鱿鱼须、青椒、红椒炒匀，加入盐、孜然、鸡精调味即可。

饮食宜忌：鱿鱼需煮熟、煮透后再食，因为鲜鱿鱼中有一种多肽成分，若未煮透就食用，会导致肠道运动失调。

主料 墨鱼仔300克，灯笼泡椒100克，泡姜5克。

调料 葱段、水淀粉、盐、鸡精、食用油各适量。

做法

❶ 将墨鱼仔入沸水锅余烫片刻，捞出沥干。

❷ 锅内倒油烧热，放入灯笼泡椒、泡姜、葱段炒香。

❸ 加入盐、鸡精、墨鱼仔快速翻炒均匀，倒入水淀粉勾芡即可。

做法支招：墨鱼仔较鲜嫩，稍微翻炒即可。

红袍墨鱼仔

主料 墨鱼仔300克，水发木耳、西芹各50克，泡椒、野山椒各25克。

调料 姜片、鸡精、盐、辣椒油、食用油各适量。

做法

❶ 将墨鱼仔洗净，放入锅中，用沸水烫熟；西芹去除老茎，洗净切段，水发木耳去蒂，二者同放入锅中，用沸水烫熟。

❷ 锅中倒油烧热，放入姜片爆香，加入泡椒、野山椒、木耳、西芹翻炒均匀，放入墨鱼仔，加盐、鸡精调味，出锅前淋上少许辣椒油即可。

做法支招：墨鱼仔的内脏一定要清除干净。

泡椒墨鱼仔

主料 小海螺500克。

调料 葱花、姜末、干辣椒、生抽、盐、味精、食用油各适量。

做法

❶ 将小海螺洗净泥沙。

❷ 锅中加水和小海螺，慢火烧开，捞出。

❸ 另锅倒油烧热，放入葱花、姜末、干辣椒爆香，加小海螺炒匀，再加生抽、盐、味精调味，装盘即可。

做法支招：洗小海螺的时候，需要把小海螺放入盐水中，然后等小海螺吐净泥沙。

辣炒小海螺

辣炒花蛤

主料 花蛤500克，青椒20克。

调料 姜、蒜、干红椒、生抽、香油、盐、味精、食用油各适量。

做法

❶ 将花蛤洗净，放入锅中煮至开口，捞出沥水；姜、蒜洗净，切碎；青椒、干红椒均洗净，切成小块。

❷ 锅中倒油烧热，放青椒、姜末、蒜末、干红椒、香油、生抽炒香，加入花蛤，大火爆炒3分钟，加盐、味精翻炒片刻即可。

做法支招：花蛤只要开口就已经熟了，可以食用。

辣炒海螺

主料 海螺500克，红椒、笋片各30克。

调料 葱蒜末、辣椒酱、精盐、鸡精、食用油各适量。

做法

❶ 海螺去壳，取肉，洗净，切片，放入沸水锅氽熟，捞出沥水；红椒洗净，切小片。

❷ 锅置火上，倒油烧热，放入葱蒜末、辣椒酱爆香，加入红椒片、笋片炒匀，加入海螺片、精盐、鸡精翻炒均匀即成。

营养小典：制酸，化痰，软坚，止痉。

香辣螺花

主料 净海螺肉300克，尖椒、朝天椒各50克，熟芝麻10克。

调料 精盐、鸡精、料酒、水淀粉、香油、食用油各适量。

做法

❶ 净海螺肉切花刀，改刀切块；尖椒洗净，切块；朝天椒洗净，切圈。

❷ 锅中倒油烧热，放入尖椒块、朝天椒圈炒香，放入海螺肉炒熟，烹入料酒，加入精盐、鸡精调味，用水淀粉勾芡，撒上熟芝麻，淋香油即成。

营养小典：螺肉对目赤、黄疸、脚气、痔疮等疾病有一定食疗作用。

主料 花蟹500克，尖椒50克。

调料 葱花、蒜末、精盐、酱油、醋、白糖、辣豆瓣酱、淀粉、料酒、食用油各适量。

做法

❶ 花蟹洗净，剁块，裹匀淀粉，放入油锅炸至呈金黄色，捞出沥油；尖椒洗净，切圈。

❷ 锅置火上，倒油烧热，放入葱花、蒜末、辣豆瓣酱炒香，放入花蟹块，烹入料酒，加入尖椒圈、酱油、精盐、白糖、醋翻炒片刻，加适量水稍煮，放入葱花炒匀即成。

营养小典：花蟹属远海梭子蟹，因为外壳有花纹而被称之为花蟹，其含有丰富的蛋白质、微量元素等，对身体有很好的滋补作用。

妙炒花蟹

主料 螃蟹750克，熟碎花生米50克。

调料 葱段、姜蒜片、干辣椒、花椒、精盐、鸡精、白糖、料酒、辣椒粉、水淀粉、食用油各适量。

做法

❶ 螃蟹洗净，斩块，拍破蟹钳，放入五六成热的油锅中炸至呈金红色，捞出。

❷ 锅留底油烧热，放入干辣椒、花椒、姜蒜片、葱段炒香，放入螃蟹块，加入料酒、辣椒粉、精盐、鸡精、白糖炒匀，用水淀粉勾芡，撒上熟碎花生米即成。

营养小典：此菜养筋益气、理胃消食，散诸热，通经络。

香辣蟹

主料 蟹钳500克，莲藕150克，炸花生米25克。

调料 香菜叶、豆瓣、豆豉、葱姜末、蒜瓣、精盐、生抽、鸡精、白糖、料酒、花椒油各适量。

做法

❶ 蟹钳冲洗刷净，用刀柄砸出裂纹以便入味，加入料酒、生抽拌匀腌渍5分钟；莲藕去皮，洗净，切丁。

❷ 锅置火上，倒入花椒油烧热，加入葱姜末、蒜瓣、豆瓣、豆豉煸香，倒入蟹钳、藕丁、炸花生米、料酒、生抽、白糖，翻炒至汁略收干，加入精盐、鸡精，撒上香菜叶即成。

饮食宜忌：患有感冒、肝炎、心血管疾病的人不宜食蟹。

多味炒蟹钳

芋儿童子甲

主料 小甲鱼1只(约500克)，芋头200克。

调料 辣酱、黑胡椒、精盐、鸡精、老抽、陈醋、高汤、花椒油、食用油各适量。

做法

① 小甲鱼宰杀洗净，放入沸水锅汆去血水，捞出沥水；芋头洗净，用沸水烫片刻，剥皮，切块，放入热油锅中炸至呈金黄色，捞出沥油。

② 锅置火上，倒油烧热，放入辣酱大火煸香，倒入芋头块炒匀，放入甲鱼，加入高汤，放入鸡精、黑胡椒、陈醋、花椒油、老抽，大火烧沸，转小火烧10分钟，大火收汁即成。

营养小典：此菜清热养阴，平肝熄风，软坚散结。

红烧甲鱼

主料 甲鱼1只(约1000克)。

调料 葱段、姜片、酱油、料酒、冰糖、花椒、食用油各适量。

做法

① 甲鱼宰杀洗净，取肉，切块。

② 锅置火上，倒油烧热，放入甲鱼肉块翻炒3分钟，加入葱段、姜片、花椒、冰糖炒匀，烹入酱油、料酒，加入适量水，小火煨炖至甲鱼肉熟烂即成。

营养小典：此菜滋阴补血，适用于阴虚或血虚患者所出现的低热、咯血、便血等症。

酸辣海参

主料 水发海参100克，火腿、香菇、鸡肉、竹笋各50克。

调料 葱姜丝、精盐、酱油、鸡精、香醋、白糖、料酒、胡椒粉、水淀粉、食用油各适量。

做法

① 水发海参洗净，切条，放入沸水锅汆烫片刻，捞出沥水；竹笋、火腿、鸡肉、香菇均洗净，切片。

② 锅置火上，倒油烧热，放入葱姜丝煸香后捞出不用，放入海参条、竹笋、火腿、鸡肉、香菇、料酒、精盐、酱油、白糖、香醋、鸡精、胡椒粉翻炒均匀，加入适量水，小火烧15分钟，用水淀粉勾芡即成。

营养小典：此菜可提高记忆力、延缓性腺衰老。

川湘蒸炖煮

PART 3

主料 老豆腐100克,臭豆腐乳50克,剁椒30克。

调料 姜末、葱末、花椒、米酒、糖各适量。

做法

① 老豆腐切成块,放入大碗中,放入姜末、葱末,倒入米酒,放入花椒、臭豆腐乳,盖上密封盖,放入冰箱,浸泡24小时以上。

② 将腌制好的臭豆腐摆盘,上面均匀地铺上3勺剁椒。

③ 蒸锅倒水烧沸,放入臭豆腐,隔水用大火蒸7分钟,起锅装盘即可。

营养小典:臭豆腐虽然很难闻,但是吃起来很美味,它的臭味并不是坏掉的味道。

剁椒臭豆腐

主料 长茄子250克,粉丝、干香菇各20克,海米2勺。

调料 蒜蓉、剁椒、蚝油、料酒、香油、盐各适量。

做法

① 长茄子切长条,放入热油锅煎至变软,盛出;干香菇和海米均泡发好切丁。

② 粉丝用热水烫软,铺在碗底,将煎好的茄子排在粉丝上面,上面放香菇丁和海米粒,再放上剁椒和蒜蓉,浇上其他调味料,放入蒸锅,大火蒸5分钟即可。

做法支招:茄子在红烧或煎炒的时候很容易吸油,这个做法可避免摄入过多的油脂。

剁椒粉丝蒸茄子

霉干菜蒸苦瓜

主料 白辣椒、霉干菜各75克，苦瓜250克。

调料 葱末、蒜蓉、姜末、豆豉、蚝油、盐、味精、食用油各适量。

做法

① 将苦瓜剖开，去子，洗干净，切片，用盐、味精、蒜蓉、葱末、姜末、豆豉、蚝油拌匀。

② 将霉干菜洗干净剁碎，在锅中炒干水分，盛出；将白辣椒洗干净，剁碎，挤干水分。

③ 锅中倒油烧热，下入霉干菜，放蒜蓉、姜末、味精炒香、入味，扣入蒸钵底，放上白辣椒，再码上苦瓜，上笼蒸20分钟，盛出反扣装盘即可。

做法支招：霉干菜要炒香，白辣椒要保留本身的味道，这样蒸制时才能使其味道相互渗透。

米粉蒸南瓜

主料 嫩南瓜400克，干米粉50克。

调料 腐乳、葱姜末、精盐、鸡精、白糖、料酒、胡椒粉、食用油各适量。

做法

① 嫩南瓜去皮、去瓤，洗净，切块；干米粉用热水泡透；料酒、腐乳同放入碗中，将腐乳碾成蓉，拌匀。

② 南瓜、米粉、葱姜末、腐乳酱汁、白糖、精盐、鸡精、胡椒粉、食用油同放入碗中拌匀，入蒸锅大火蒸熟，翻扣在盘中即成。

营养小典：南瓜能消除致癌物质亚硝胺的突变作用，并能帮助肝、肾功能的恢复，增强肝、肾细胞的再生能力。

湘味蒸丝瓜

主料 丝瓜300克，粉丝100克。

调料 剁椒、葱花、精盐、料酒、白糖、蚝油、食用油各适量。

做法

① 丝瓜去皮，洗净，切块；粉丝用沸水浸泡20分钟，捞出沥水，码入盘中。

② 锅中倒油烧热，放入葱花、剁椒炒香，加入精盐、料酒、蚝油、白糖炒匀，熄火。

③ 丝瓜块放在粉丝上，上边倒匀炒好的剁椒，整盘放入蒸笼蒸10分钟即成。

营养小典：此菜益气血，通经络。

主料 冬瓜500克，松子仁、红椒末各适量。

调料 食用油、酱油、辣豆豉、葱花各适量。

做法

① 冬瓜去皮，去子，切块，用酱油抹上色。

② 锅内倒油烧热，加入冬瓜，炸至呈砖红色，出锅沥油。

③ 将炸好的冬瓜像扣肉一样扣入蒸钵中，在上面放上辣豆豉、松子仁，倒入适量油，上蒸笼蒸20分钟，取出扣入盘中，撒上葱花、红椒末即成。

营养小典：冬瓜中含有多种维生素和人体必需的微量元素，可调节人体的代谢平衡，能养胃生津，清降胃火。

蒸素扣肉

主料 冬瓜300克，野山椒25克。

调料 精盐、鸡精、老抽、食用油各适量。

做法

① 冬瓜去瓤，洗净，切片，整齐地摆入盘中；野山椒洗净，用刀在表面划几道口子。

② 锅中倒油烧热，放入野山椒爆香，倒入少许水，加入精盐、鸡精、老抽调味，大火煮滚，将汤汁趁热浇在冬瓜片上，整盘放入蒸锅蒸10分钟，取出即成。

营养小典：冬瓜低热量、低脂肪、含糖量极低，是糖尿病患者的理想蔬菜。

野山椒蒸冬瓜

主料 冬瓜300克，咸蛋黄25克，花菇、菜花各50克。

调料 精盐、鸡精、水淀粉、香油各适量。

做法

① 冬瓜去皮，洗净，切成玉环形，中间放入咸蛋黄；菜花洗净，掰成小块，放入沸水锅焯烫片刻，捞出沥水；花菇泡发，洗净；精盐、鸡精、水淀粉、香油同入碗中调成味汁。

② 将玉环形冬瓜放入盘中，旁边摆上菜花、花菇，淋入味汁，上笼蒸熟，取出即成。

营养小典：此菜生津解渴，清降胃火，调节血糖。

吉祥玉环冬瓜

剁辣椒蒸寒菌

主料 寒菌300克，剁辣椒75克。

调料 葱花、姜末、蒜蓉、糖、香油、盐、味精、食用油各适量。

做法

① 将寒菌去蒂，泡入清水中10分钟后，洗净，捞出沥水。

② 锅内倒油烧热，下姜末、蒜蓉、剁辣椒炒香，随后放入寒菌一起煸炒，放盐、味精、糖调味，待寒菌入味后出锅盛入扣碗中，封上保鲜膜，入笼蒸15分钟，取出，去掉保鲜膜，扣入盘中，撒葱花、淋香油即可。

做法支招：洗寒菌的时候要用手在水中顺同一方向搅动，将寒菌的泥沙洗净，反复清洗3～4次。

家常蒸菜叶

主料 芹菜叶300克，面粉50克。

调料 精盐、酱油、鸡精、醋、辣椒油各适量。

做法

① 芹菜叶洗净，撒入面粉拌匀，上蒸锅蒸8分钟，取出凉凉。

② 碗内加入精盐、酱油、鸡精、醋、辣椒油拌匀，蘸食即成。

营养小典：芹菜叶茎含有挥发性的甘露醇，别具芳香，能增强食欲，还具有保健作用。

湘西擂茄子

主料 茄子400克。

调料 葱花、姜蒜末、香辣酱、精盐、鸡精、醋、白糖、辣椒油、香油、橄榄油各适量。

做法

① 茄子洗净，去蒂，切条，放入沸水蒸锅，大火蒸10分钟。

② 将蒸好的茄子条放入擂钵中，放入精盐、鸡精、醋、白糖、辣椒油、香油、香辣酱、姜蒜末拌匀，用擂钵擂软烂，淋上橄榄油，撒上葱花即成。

营养小典：此菜清热解毒，利尿消肿，活血。

主料　芋头 400 克，米粉 100 克。

调料　辣椒酱、精盐、酱油、鸡精、五香粉、淀粉、食用油各适量。

做法

① 芋头去皮、洗净、切块，放盆中，加入食用油、辣椒酱、精盐、鸡精、酱油拌匀。

② 淀粉、米粉、五香粉逐一撒入芋头盆中，拌匀，入蒸笼蒸 25 分钟，取出即成。

营养小典：芋头中含有丰富的矿物质，氟的含量最高，具有强齿防龋、保护牙齿的作用。

粉蒸芋

主料　豆腐 300 克，红尖椒 2 个。

调料　葱花、蒜末、干辣椒、酱油、豆豉、糖、味精、盐、食用油各适量。

做法

① 豆腐切成方块，放入热油中炸黄，捞出沥油；红尖椒去子，切丁；干辣椒切段。

② 锅内倒油烧热，炒香蒜末、红尖椒丁、干辣椒和豆豉，加入酱油、糖、盐、味精炒匀，倒入炸过的豆腐中拌匀，装盘用中火蒸 15 分钟，取出后撒上葱花即可。

做法支招：炸豆腐的时候为了保持豆腐的形状，可以多放一些油。

湘辣蒸豆腐

主料　豆腐 300 克，鸡蛋 2 个 (约 120 克)。

调料　精盐、鸡精、水淀粉、香油各适量。

做法

① 豆腐压成泥状，加鸡蛋拌匀；精盐、鸡精、水淀粉、香油调匀成味汁。

② 将豆腐泥揉成圆球状，放在抹了一层香油的盘子里，淋入味汁，上蒸笼蒸 30 分钟，出笼即成。

营养小典：此菜宽中益气，调和脾胃，消除胀满，通大肠浊气。

清蒸豆腐丸子

豆豉蒸米豆腐

主料 米豆腐250克。

调料 葱花、蒜蓉、姜末、辣豆豉酱、酱油、蚝油、盐、味精、香油各适量。

做法

① 将米豆腐切块，加入香油、盐、味精、酱油、蚝油、姜末、蒜蓉拌匀，扣入蒸钵中。

② 将辣豆豉酱放在米豆腐上，入笼蒸10分钟，出笼倒入盘中，撒上葱花即可。

做法支招：米豆腐要蒸制成功，全靠调准盐味，不可太咸，否则无法体味米豆腐的碱香味。

腊八豆蒸臭干子

主料 腊八豆50克，臭干子（臭豆腐）200克。

调料 蒜蓉、葱花、干辣椒末、生抽、红油、香油、鲜汤、盐、味精、食用油各适量。

做法

① 锅内油烧至六成热，下入臭干子，通炸至外焦香、内酥软后捞出，在每片臭干子中间划一刀口，整齐地码入扣碗中。

② 腊八豆与干辣椒末、蒜蓉、盐、味精、红油、生抽一起拌匀，加入鲜汤，然后将此汤料均匀浇洒在炸好的臭干子上，入笼蒸15分钟，取出淋香油、撒葱花即可。

做法支招：臭干子要炸至外焦香、内酥软。

剁椒肉末蒸豆腐

主料 日本豆腐300克，肉馅儿100克，剁辣椒25克。

调料 葱花、姜末、蒜蓉、蚝油、红油、盐、味精、香油各适量。

做法

① 将日本豆腐横向切厚片，整齐地码在盘中。

② 肉馅儿与剁辣椒一起放入碗中，再放入姜末、蒜蓉、盐、味精、蚝油、红油拌均匀，均匀地撒在日本豆腐上。

③ 将日本豆腐上笼蒸10分钟，取出后浇香油，撒上葱花即可。

做法支招：肉馅儿可以用里脊肉馅儿，这样没有肥肉，脂肪的含量会很少。

主料 紫皮茄子300克，猪里脊肉100克，红尖椒50克。

调料 蒜末、葱末、香菜末、酱油、水淀粉、生抽、糖、盐、食用油各适量。

做法

① 红尖椒洗净切末；茄子去皮切条；猪里脊肉切细丝，用酱油、生抽、水淀粉腌渍10分钟。

② 茄子整齐地摆入盘中，淋上油。

③ 将酱油、生抽、糖、盐、水淀粉混合均匀，倒在茄条上，再在上面依次摆上肉丝、红椒粒、香菜末、蒜末、葱末，入蒸锅蒸15分钟即可。

营养小典：茄子含有维生素E，有防止出血和抗衰老功能。

五彩茄子

主料 莲藕200克，猪肉150克。

调料 高汤、蚝油、鲍鱼汁、淀粉、鸡精、蜂蜜、料酒、盐、水淀粉、香油各适量。

做法

① 将莲藕洗净，切片；猪肉剁成馅儿加盐、鸡精、淀粉、水，朝一个方向搅拌上劲。

② 将肉馅儿夹在两片莲藕之间，入锅蒸熟装盘。

③ 净锅上火，加入料酒、高汤，调入鲍鱼汁、蜂蜜、鸡精、盐、蚝油，烧沸后用水淀粉勾芡，淋入香油推匀即成鲍汁，将鲍汁芡淋在藕夹上即可。

营养小典：莲藕药用价值相当高，有清热凉血作用。

鲍汁莲藕夹

主料 五花肉350克，蒸肉米粉100克，青豆50克。

调料 葱姜末、豆腐乳汁、米酒、精盐、白糖、花椒粉各适量。

做法

① 青豆洗净；五花肉洗净，切片；豆腐乳汁、米酒、精盐、葱姜末、花椒粉同入碗中，放入五花肉片、蒸肉米粉和少许水拌匀。

② 将五花肉片一片片地挨碗底摆整齐，将青豆倒入肉片碗中，上蒸笼隔水蒸1小时，取出倒扣在盘中即成。

做法支招：蒸肉米粉在超市、农贸市场和网店均有销售。

粉蒸肉

荷叶粉蒸肉

主料 鲜荷叶50克，带皮五花肉500克，炒米粉250克。

调料 葱丝、姜末、料酒、糖、酱油、盐各适量。

做法

① 荷叶先放在开水中烫一烫，用刀劈掉粗筋。

② 五花肉洗净，切成长方块，加入葱丝、姜末、酱油、料酒、糖、盐，腌拌20分钟，裹匀炒米粉。

③ 把裹匀米粉的五花肉整齐地排在铺有大张荷叶的蒸笼中，上笼盖严笼帽，旺火蒸2小时，出笼摆盘即可。

做法支招：荷叶的大小要根据肉块大小来定，以能包住肉块为宜。

鸡蛋蒸肉饼

主料 肉馅250克，鸡蛋2个（约120克）。

调料 姜末、精盐、鸡精、蚝油、胡椒粉、淀粉、香油、葱花各适量。

做法

① 肉馅中磕入1个鸡蛋，加姜末、精盐、鸡精、蚝油、胡椒粉搅打上劲，加淀粉、香油搅匀，制成肉料。

② 将肉料盛入蒸钵内，在肉料上稍挖凹一些，把另1个鸡蛋打在里边，再用肉料盖住鸡蛋，入蒸笼蒸15分钟，取出撒葱花即成。

做法支招：注意不要将肉料挖穿，那样外形就不美观了。

干豆角蒸肉

主料 干豆角250克，猪肉150克。

调料 精盐、料酒、蚝油、辣椒粉、食用油各适量。

做法

① 猪肉洗净，切片，加入精盐、料酒、蚝油拌匀腌渍10分钟；干豆角用水浸泡30分钟，捞出洗净，切段。

② 锅中倒油烧热，放入干豆角炒香，撒入辣椒粉炒匀，盛大碗中，将猪肉片盖在干豆角上，淋入少许水。

③ 大碗放入高压锅中压制15分钟，端出即成。

营养小典：此菜健脾开胃，增强食欲。

主料 猪肉350克，糯米100克，鸡蛋清1个。

调料 葱姜末、精盐、酱油、鸡精、白糖、香油、食用油各适量。

做法

① 糯米洗净，清水浸泡3小时，捞出沥水；猪肉剁成肉泥，加入鸡蛋清、葱姜末、精盐、酱油、鸡精、白糖、食用油，用力搅拌至肉馅有弹性，用勺子团成一口大小的丸状。

② 每个肉丸均裹匀糯米粒，摆在抹过香油的盘子里，放入蒸笼大火蒸10分钟即成。

做法支招：白糯米可以换成紫米、黑米，同样好吃，而且非常漂亮。

珍珠丸子

主料 猪里脊200克，酸菜100克，蛋清1个。

调料 葱姜末、蒜末、花椒、八角茴香、麻椒、干辣椒、淀粉、香油、盐、料酒、食用油各适量。

做法

① 将猪里脊切片，放入蛋清，加入料酒和淀粉，抓匀上浆；酸菜洗净切片。

② 锅内倒油烧热，下入花椒、麻椒和八角茴香炒香，放入蒜末炒成金黄色，放入干辣椒炒匀，放入葱姜末、酸菜一起炒，加水煮沸，将肉片逐片放入锅内，加入盐，煮好后淋香油即可。

做法支招：在肉片未煮好的时候，不要搅动锅，免得浑汤。

酸菜肉片

主料 腊肉300克，红尖椒20克。

调料 豆豉、葱花、食用油各适量。

做法

① 腊肉用热水洗净，入锅蒸1小时，取出切厚片，排入扣碗内；豆豉洗净，捣烂；红尖椒去子切碎。

② 豆豉、红尖椒同入热油锅炒香，倒在腊肉碗中，隔水蒸10分钟，取出倒扣入碟，撒上葱花即可。

做法支招：腊肉切得薄一些，这样能让口感更好，更鲜美。

蒸腊肉

腊肉蒸白菜心

主料 腊肉500克，白菜心300克，红椒5克。

调料 葱段、鸡精、蚝油、盐、食用油各适量。

做法

① 将白菜心洗净，掰成片；葱段切丝；红椒洗净，去子切成丝。

② 腊肉洗净，入沸水锅余烫片刻，捞出切片，与白菜片同放碗中，入蒸锅蒸15分钟，取出，摆上葱丝、红椒丝。

③ 锅内倒油烧至八成热，倒入蚝油、盐、鸡精、水熬成汤汁，淋在腊肉白菜碗中即可。

做法支招：白菜心的味道略苦，可以先用开水余烫一下，去掉苦味。

腊味蒸娃娃菜

主料 娃娃菜200克，腊五花肉150克。

调料 葱花、高汤、米酒、盐各适量。

做法

① 娃娃菜洗净，竖切成两半，放入沸水锅余烫后捞出后沥干水，切成小段，整齐地铺放在盘中。

② 腊五花肉切成薄片，摆在娃娃菜上。

③ 将高汤、米酒、盐对成汤汁，浇在娃娃菜上，撒上葱花，入蒸锅中火蒸30分钟即可。

做法支招：腊肉的肉皮用火烧一下更易咬动。

腊肉蒸香芋丝

主料 熟腊肉丝100克，香芋丝250克。

调料 干辣椒末、蒜蓉、葱花、姜末、豆豉、红油、盐、鸡精、食用油各适量。

做法

① 将香芋丝下入六成热油锅里，炸至金黄脆酥后捞出，沥净油，拌入盐、味精、干辣椒末，扣入蒸钵中。

② 锅内倒油烧热，下入干辣椒末、豆豉、姜末、蒜蓉，放鸡精、红油一起拌炒均匀，放入腊肉丝，拌匀后出锅，盖在香芋丝上，入笼蒸15分钟，撒上葱花即可。

做法支招：香芋的做法有很多，可以水煮、粉蒸、油炸、烧烤、炒食、磨碎后炖食等。

主料 腊八豆、腊肉各100克，腊鱼150克。

调料 鸡精、酱油、红油、干椒末、姜蒜末、豆豉各适量。

做法

① 腊鱼切条，腊肉切片，同入沸水锅氽烫后捞出。

② 将腊鱼整齐地扣在蒸钵中间，两边整齐地扣入腊肉。

③ 碗内放入豆豉、姜蒜末、干椒末、鸡精、酱油、红油调匀，均匀地淋在腊鱼、腊肉上，再将腊八豆放在上面，加少许水，上笼蒸30分钟，出笼反扣于盘中，使腊八豆在下即成。

营养小典：健脾开胃，增强食欲。

腊八豆蒸双腊

主料 带皮五花肉2000克。

调料 葱花、姜蒜末、剁椒、辣酱、糖、盐、味精、辣椒粉、五香粉各适量。

做法

① 将带皮五花肉煮熟，切成四方丁。

② 将剁椒、葱花、姜蒜末、辣酱、盐、味精、糖、辣椒粉、五香粉拌匀，再放入肉丁搅拌均匀，放入坛子内腌6小时以上。

③ 食用时取出肉块，上笼蒸1个小时即可。

做法支招：腌制肉的时间可以长一点，以让肉入味。

香辣坛子肉

主料 猪排骨500克。

调料 葱花、醋、糖、辣椒粉、食用油、味精、盐、食用油各适量。

做法

① 将猪排骨剁成小段，加盐腌拌8小时。

② 锅中倒油烧热，放入排骨炸成金黄色，捞出沥油。

③ 净锅倒入适量水，放入辣椒粉煮出辣味，再放糖、味精炖出咸糖汁，倒入炸好的排骨拌匀，倒入醋，焖至汤汁将收，撒葱花即可。

做法支招：在制作的时候可以根据自己的口味多放醋或者糖。

湖南糖醋排骨

腊排骨炖湖藕

主料 腊排骨250克，湖藕500克。

调料 葱结、葱花、姜块、猪油、胡椒粉、盐、味精、食用油各适量。

做法

① 将腊排骨剁成方块；湖藕洗净，切滚刀块，氽水捞出。

② 将腊排骨、湖藕置于砂锅内，加水，将姜块、葱结、猪油一同放入砂锅中，中火炖至骨烂藕香，除去姜、葱，放入盐、味精、胡椒粉，撒葱花即可。

做法支招：在煮湖藕的时候，可以在水中放入一点点食用碱，藕会更容易熟。

豆豉蒸排骨

主料 排骨500克，油菜30克。

调料 葱末、豆豉、料酒、蚝油、盐各适量。

做法

① 将排骨洗净，剁成段，放入蚝油、豆豉、盐、料酒腌5分钟；油菜洗净，焯水备用。

② 将腌好的排骨放入蒸锅，蒸20分钟，取出凉凉。

③ 油菜铺在盘底，取出排骨摆在油菜上，再入锅蒸10分钟，撒上葱末即可。

做法支招：排骨要选择肋骨，这样蒸的时候口感才会一致，而且入味均匀。

粉蒸排骨

主料 排骨400克，红薯、蒸肉米粉各50克。

调料 葱花、蒜末、辣豆瓣酱、精盐、老抽、鸡精、白糖、食用油各适量。

做法

① 排骨洗净，切段，加入辣豆瓣酱、老抽、蒜末、白糖、鸡精、精盐、食用油拌匀，倒入蒸肉米粉，裹匀排骨；红薯去皮，洗净，切块。

② 蒸笼中垫一层红薯块，铺上排骨段，上蒸锅大火蒸45分钟，出锅撒上葱花即成。

做法支招：蒸肉米粉可以自制，方法是先将干燥的大米入锅炒至呈微黄色，再加入八角茴香、干辣椒翻炒2分钟，倒出大米，去掉干辣椒和八角茴香，待大米冷却后，倒入搅拌机中搅碎成细颗粒状即成。

主料 肉皮250克。

调料 葱结、姜片、辣豆豉酱、八角茴香、花椒、桂皮、料酒、盐、鸡精各适量。

做法

① 先将肉皮放入开水中，水中加入料酒、姜片、八角茴香、葱结、花椒、桂皮，煮至肉片七分烂，捞出沥干水，冷却后切成粗丝，放入蒸钵中。

② 将辣豆豉酱抹在肉皮上，上笼蒸15分钟，出锅调入盐、鸡精拌匀即可。

营养小典：肉皮通常指猪肉的皮，其富含胶原蛋白和弹性蛋白，能使细胞变得丰满、减少皱纹、增强皮肤弹性。

豆豉辣椒蒸肉皮

主料 猪手500克。

调料 姜丝、葱段、干辣椒、花椒、酱油、料酒、高汤、盐各适量。

做法

① 将猪手洗净，放入沸水锅氽烫一下捞出。

② 将烫好的猪手放入煲锅中，倒入高汤，放入干辣椒、花椒、姜丝、葱段、料酒、酱油、盐，调中火煮20分钟，转小火焖1小时，关火，闷15分钟，再开小火，煮20分钟即可。

做法支招：氽烫猪手的时候可以在水中放一片姜，去掉异味。

香辣猪手

主料 猪脚750克。

调料 葱花、蒜蓉、姜末、蚝油、灯笼辣酱、蒸鱼豉油、料酒、盐、味精各适量。

做法

① 将猪脚洗净，剁块，放入沸水中焯水，沥干水后拌入盐、味精，扣在蒸钵中。

② 将蒜蓉、姜末、灯笼辣酱、味精、蚝油、蒸鱼豉油、料酒拌匀。

③ 用勺将酱浇在猪脚上，上笼蒸30分钟即可出锅，装盘时撒葱花即可。

做法支招：蒸制猪脚时火候一定要足，要蒸烂猪脚，用筷子夹起猪脚，刚好离骨即可。

蒸开胃猪脚

黄豆煲猪蹄

主料 猪蹄200克，黄豆50克。

调料 葱段、姜片、蒜瓣、八角茴香、花椒、桂皮、丁香、酱油、盐各适量。

做法

① 猪蹄、黄豆均洗净。

② 锅内倒水烧沸，放入猪蹄，大火烧沸，撇出浮沫，煮1小时，捞出猪蹄。

③ 另锅倒入猪蹄，加入黄豆、蒜瓣，倒入煮猪蹄的原汤，加入盐、酱油、葱、姜、八角茴香、花椒、桂皮、丁香，小火煮2小时即可。

做法支招：可以用鲜黄豆，也可以用泡发的黄豆。

腊猪蹄蒸干豆角

主料 腊猪蹄300克，干豆角30克，菜心100克。

调料 姜末、蒜末、豆豉、干辣椒粉、盐、鸡精、食用油各适量。

做法

① 腊猪蹄剁成大块，洗净，放入沸水中氽烫5分钟捞出；菜心入沸水锅焯1分钟，捞出沥水；干豆角用温水泡发，切段。

② 将猪蹄装碗中，上边放上干豆角，将碗入锅蒸60分钟，取出倒扣入盘中。

③ 锅留底油烧热，下豆豉大火炒香，放入姜末、蒜末、干辣椒粉、盐、鸡精翻炒1分钟，淋在猪蹄上，盘四周用菜心围边即可。

做法支招：腊猪蹄如果不好切，可以先煮一下再切。

黄豆煨猪尾

主料 鲜黄豆100克，猪尾400克。

调料 蒜末、料酒、盐、食用油各适量。

做法

① 猪尾刮洗干净，切段；黄豆洗净，用清水浸泡20分钟。

② 锅中倒油烧热，放入蒜末爆香，放入猪尾翻炒至上色，下料酒，加入适量水，加盐调味，中火焖20分钟，加入黄豆，转小火焖30分钟至猪尾软烂即成。

做法支招：猪尾上的毛一定要用小火燎掉。

主料 牛肉300克，黑笋100克。

调料 葱花、姜蒜末、香菜段、高汤、盐、食用油各适量。

做法

① 黑笋洗净，入锅煮至熟透，捞出沥水，切块；牛肉洗净切块。

② 锅内倒油烧热，放入葱花、姜蒜末炒香，加入高汤，放黑笋、牛肉、盐，大火烧沸，转小火炖煮20分钟，撒香菜段即可。

做法支招：牛肉一定要火候足够，否则很容易嚼不动。

黑笋烧牛肉

主料 牛肉200克，内酯豆腐、西蓝花各100克。

调料 花椒、葱花、姜蒜末、豆瓣酱、酱油、鸡精、淀粉、糖、花椒粉、盐、食用油各适量。

做法

① 豆腐切块；牛肉切片，加入花椒粉、酱油腌拌片刻，倒入淀粉抓匀；西蓝花焯水备用。

② 锅中倒油烧热，放入葱、姜、蒜、花椒粉爆香，放入豆瓣酱炒出红油，加适量水，转中火煮10分钟，放入糖、花椒粉、鸡精，加入豆腐，将腌好的牛肉一片一片地放到锅中，转大火煮3分钟，放入西蓝花，加盐调味即可。

做法支招：西蓝花很难清洗，所以要在盐水中浸泡一会儿。

豆花牛肉

主料 牛腩500克，水发黑笋100克，啤酒1罐。

调料 姜蒜片、豆瓣酱、香叶、八角茴香、糖、盐、鸡精、食用油各适量。

做法

① 将牛腩洗净，放入沸水中煮30分钟，捞出，切块；水发黑竹笋洗净，切成长条。

② 锅内倒油烧热，放入豆瓣酱炒香，加入蒜、姜、香叶、八角茴香翻炒片刻，放入牛腩、黑笋翻炒，加入热水，大火煮沸，倒入啤酒、糖、鸡精、盐，转小火炖40分钟即可。

做法支招：烹饪时放一个山楂或一块橘皮或一点茶叶，牛肉更易煮烂。

啤酒笋焖牛腩

三湘泡焖牛肉

主料 瘦牛肉400克，泡菜、泡姜、泡辣椒各30克，鸡蛋清1个。

调料 姜丝、蒜末、葱段、野山椒汁、料酒、红油、酱油、水淀粉、盐、鸡精、食用油各适量。

做法

① 将瘦牛肉洗净切片，加葱段、姜丝、料酒腌渍10分钟，加盐、鸡蛋清、水淀粉、酱油、野山椒汁抓匀上浆；泡菜、泡姜、泡辣椒均切丁。

② 锅内倒油烧热，放入蒜末炒香，放泡菜、泡姜、泡辣椒丁炒匀，放入牛肉翻炒均匀，倒入适量水，大火烧沸，转小火烧至汤汁浓稠，加盐、鸡精调味淋上红油，撒上葱段即可。

做法支招：牛肉的筋膜要去掉，肉质才会更加鲜嫩。

金汤肥牛

主料 肥牛片300克，小南瓜150克，金针菇15克，红椒、青椒各10克。

调料 葱段、姜片、蒜末、野山椒水、盐、食用油各适量。

做法

① 将南瓜去皮、子，切小块，入锅煮软，捞出后碾成泥；红椒、青椒均切成圈；金针菇洗净。

② 锅中倒油烧热，放入葱段、姜片、蒜末煸香，倒入煮南瓜的水、南瓜泥、野山椒水、金针菇，大火煮沸。

③ 取一大碗，把肥牛肉片铺在碗中，倒入沸汤，加盐，上锅蒸5分钟，取出，撒上红椒圈、青椒圈即可。

做法支招：南瓜要多煮一会儿，才能轻松地压成泥。

红烧羊排

主料 羊排500克，红枣20克。

调料 姜片、葱结、八角茴香、桂皮、干辣椒、糖、醋、料酒、盐、食用油各适量。

做法

① 将羊排洗净血水，放入冷水锅，加入醋，大火烧开，捞出沥水。

② 锅内倒油烧热，放入糖，小火炒至溶化，下入羊排，翻炒至上色，倒料酒，炒匀，放入八角茴香、桂皮、干辣椒、红枣、姜片、葱结，倒入适量的热水，大火烧沸，转小火煮至羊肉酥烂、汤汁收干即可。

饮食宜忌：吃羊肉容易上火，不要过量食用。

主料 羊尾300克，白萝卜150克。

调料 羊肉汤2500毫升、葱段、姜片、花椒、八角茴香、桂皮、酱油、料酒、盐各适量。

做法

① 将羊尾洗净，漂净血水，切块，放入沸水中汆一下，捞出洗净；萝卜洗净，切块。

② 锅中倒入羊肉汤，烧沸后加入羊尾、萝卜、酱油、盐、料酒、八角茴香、桂皮、姜片、葱段、花椒，大火烧沸，转小火烧至肉烂即可。

做法支招：不喜欢白萝卜的味道的话，也可以先用开水将白萝卜汆烫一下。

红烧羊尾

主料 鸡翅300克，泡发木耳100克。

调料 剁椒、葱姜蒜末、糖、生抽、香油、食用油各适量。

做法

① 鸡翅剁块；木耳洗净，撕成小块，码在碟子里。

② 锅里倒油烧热后，爆香葱姜蒜末、剁椒，加入糖和生抽调味，将炒好的调料倒入鸡翅中，拌匀进行腌制。

③ 将腌过的鸡翅均匀地码在木耳上面，把所有的酱汁都淋在表面，上锅蒸大概25分钟，淋少许香油即可。

营养小典：木耳富含多糖胶体，有良好的清滑作用，可以辅助治疗心血管疾病和抗癌。

剁椒木耳蒸鸡

主料 鸡500克。

调料 葱花、料酒、蚝油、鲜汤、辣豆豉酱、盐、鸡精各适量。

做法

① 将鸡洗净，剁成大块，入沸水中汆烫片刻，捞出沥干。

② 将鸡块拌入盐、鸡精、料酒、蚝油、鲜汤，扣入蒸钵中，将辣豆豉酱撒在鸡块上。

③ 鸡块上笼蒸25分钟，撒上葱花即可。

营养小典：鸡肉含有蛋白质、脂肪、硫胺素、核黄素、尼克酸、维生素A、维生素C、胆固醇、钙、磷、铁等多种成分。

豆豉辣椒蒸鸡

竹筒浏阳豆豉鸡

主料 仔鸡1只(约600克)。

调料 豆豉、干辣椒、豆瓣酱、姜蒜片、料酒、胡椒粉、香油、盐、味精各适量。

做法

① 把仔鸡洗净，剁成小块。

② 锅中倒油烧热，下入豆豉、豆瓣酱、姜蒜片、干辣椒，大火煸香，加入仔鸡块，中火炒干水分，放入盐、味精、胡椒粉、料酒，中火翻炒片刻，炒匀后出锅放入竹筒中，盖上盖儿入笼大火蒸30分钟，取出淋上香油即可。

做法支招：这道菜一定要用仔鸡烹制，老母鸡和土鸡都达不到效果。

剁辣椒蒸鸡

主料 净鸡300克。

调料 葱花、姜末、蒜蓉、剁辣椒、蚝油、糖、料酒、红油、香油、盐、鸡精各适量。

做法

① 将净鸡剁成块，在沸水中加入料酒、盐，将鸡块放入沸水中焯水，捞出沥干水。

② 将剁辣椒盛入碗中，放香油、鸡精、蚝油、糖、红油，加入姜末、蒜蓉，一起拌匀后放入鸡块再次拌匀，使剁辣椒都粘在鸡块上。

③ 将鸡块上笼蒸15分钟，撒上葱花即可。

做法支招：鸡肉可以加入少许淀粉抓一下，让鸡肉的肉质更加鲜嫩。

腊肉蒸鸡块

主料 鸡块250克，熟腊肉150克。

调料 干辣椒末、蒜蓉、葱花、姜末、豆豉、蚝油、盐、鸡精、食用油各适量。

做法

① 将鸡块放入沸水锅中焯水，捞出沥干；腊肉切片。

② 锅内倒油烧热，下入姜末、干辣椒末、豆豉、蒜蓉、盐、鸡精，放蚝油，拌匀后下入鸡块，再拌匀后扣入钵中。

③ 将腊肉片盖在鸡块上面，上笼蒸30分钟，取出，撒葱花即可。

做法支招：鸡块使用鸡腿肉更好。

主料 腊猪肉、腊鸡肉、腊鲤鱼各100克，净生菜适量。

调料 高汤、熟猪油、糖、食用油各适量。

做法

① 将腊肉、腊鸡、腊鱼用温水洗净，盛入瓦钵内上笼蒸熟取出，腊鸡、腊鱼均切条，腊肉切片。

② 将腊肉、腊鸡、腊鱼分别皮朝下整齐排放碗内，放入熟猪油、糖和高汤，上笼蒸烂，取出翻扣在垫有生菜的盘中即可。

做法支招：根据自己的口味加入干红椒、豆豉合蒸，味道更香。

腊味合蒸

主料 土鸡300克，香菇、滑子菇、草菇、竹笋各25克，泡椒、朝天椒各10克。

调料 姜片、胡椒粉、盐、鸡精各适量。

做法

① 香菇、滑子菇、草菇、竹笋用水洗净。

② 将香菇、滑子菇、草菇、竹笋、土鸡、泡椒、朝天椒、姜一起放入炖盅，加入水，大火烧开，撇去浮沫，加入各种调料，转小火炖2小时即可。

做法支招：如果时间不够充足，也可以将鸡肉剁成小块儿来炖煮。

炖土鸡

主料 芋头200克，山鸡500克。

调料 葱花、姜片、干辣椒、花椒、酱油、生抽、料酒、糖、盐、食用油各适量。

做法

① 山鸡清洗干净，剁成块；芋头洗净切滚刀块。

② 锅中倒油烧热，放入鸡块翻炒至颜色微变白，放入芋头、干辣椒、花椒、姜片翻炒片，放入酱油、生抽、料酒、糖煸炒，加入适量水，中火炖30分钟，改大火将汤汁收干，加盐调味，撒葱花即可。

营养小典：芋头可以调节体内各系统的平衡。

芋头烧山鸡

酸辣凤翅

主料 鸡翅300克，酸泡菜、红辣椒、竹笋、水发香菇各30克。

调料 青蒜、酱油、味精、水淀粉、盐、食用油各适量。

做法

① 将鸡翅放入滚水中烫过，从中间骨节处砍断成两段；将红辣椒洗净去蒂、子，香菇去蒂，与酸泡菜、竹笋、青蒜均切成米粒状。

② 锅内倒油烧热，放入竹笋、红辣椒、香菇，加盐、酱油煸炒均匀，加入酸泡菜翻炒片刻，放入鸡翅，倒入适量水，大火烧沸，转小火烧至鸡翅熟，放入青蒜、味精，用水淀粉勾芡即可。

做法支招：可以在鸡翅上划上花刀，更易入味。

红焖鸭翅

主料 鸭翅500克。

调料 葱段、姜片、鸡精、料酒、酱油、糖、辣椒、花椒、八角茴香、食用油各适量。

做法

① 将鸭翅洗净，加入料酒、酱油、花椒、八角茴香、葱段、姜片、辣椒拌匀腌渍1小时。

② 油锅中放少许糖，熬成浆，倒入鸭翅翻炒片刻，倒入适量水，小火炖至汤汁收干，加鸡精调味即可。

营养小典：此菜滋阴养胃，利水消肿。

焖鸭子

主料 鸭子500克，红尖椒20克。

调料 香菜段、葱段、姜片、冰糖、料酒、酱油、桂皮、盐各适量。

做法

① 将鸭子洗净，入锅汆烫片刻，捞出沥水；红尖椒切成圈。

② 锅内倒入适量水，放入鸭子，加入盐、酱油、冰糖、桂皮、葱段、姜片，大火烧沸，加料酒，小火加盖烧1小时，再将鸭身翻转后用小火续烧至鸭肉熟烂，放入红尖椒、香菜段即可。

做法支招：鸭肉有些臊，可以依口味多放一些调料。

酱焖鸭翅

主料 鸭翅500克。

调料 姜片、辣椒、花椒、八角茴香、鸡精、料酒、糖、酱油、食用油各适量。

做法

① 将洗净的鸭翅放入锅中，加入料酒、酱油、花椒、八角茴香、姜片、辣椒，大火烧开，转小火卤40分钟。

② 锅中倒油烧热，放入糖，小火熬成糖浆，倒入鸭翅翻炒均匀，倒入适量水，小火炖20分钟，加鸡精调味即可。

营养小典：鸭肉所含B族维生素和维生素E较其他肉类多，能有效抵抗脚气病、神经炎和多种炎症，还能抗衰老。

泡菜鸭血

主料 鸭血200克，泡菜100克，野山椒15克。

调料 姜丝、蒜末、蚝油、高汤、味精、盐、胡椒粉、食用油各适量。

做法

① 鸭血切块，入沸水焯水，待用；泡菜切片。

② 锅中倒油烧热，放入姜丝、蒜末炒香，倒入高汤、鸭血、泡菜、野山椒烧开，加余下调料调味，大火烧3分钟即可。

做法支招：鸭血焯水时一定烫透，这样才可去除鸭腥味。

腊肉蒸手撕鱼

主料 腊肉300克，熏鱼200克，净生菜适量。

调料 姜末、蒜蓉、豆豉、辣椒粉、酱油、味精、茶油适量。

做法

① 腊肉入冷水锅大火煮10分钟，捞出切成薄片；熏鱼冷水上火煮8分钟去部分盐分，撕成条形待用。

② 锅内放茶油烧热，下入姜末、蒜蓉、豆豉煸香，加入辣椒粉、酱油、味精调成味料。

③ 将切好的腊肉片均匀地摆在扣钵内，腊肉上放入撕好的熏鱼，再浇上调好的味料，蒸1小时，取出，翻扣放入垫有净生菜的盘中即可。

做法支招：蒸的时候要大火来蒸，以免蒸不透。

豆瓣鲫鱼

主料 鲫鱼1条(约500克)。

调料 姜末、葱花、豆瓣酱、淀粉、料酒、醋、糖、盐、食用油各适量。

做法

① 鲫鱼宰杀洗净,抹匀盐稍腌片刻,拍匀淀粉。

② 锅内倒油烧热,撒少许盐,待盐化,放入鲫鱼,煎至鱼身变黄,关火,停顿几秒钟再翻面,将另一面用同样的方法煎好,盛出沥油。

③ 锅内倒油烧热,放入姜末煸香,放入豆瓣酱炒出红油,倒入水,加盐、糖、醋、少许料酒煮开,放入煎好的鱼,煮至汤汁将干,撒葱花即可。

做法支招:煎鱼前向锅里撒盐,这样煎鱼时鱼皮不易破损。

剁椒鱼头

主料 鲢鱼头1个(约800克),剁椒50克。

调料 葱姜丝、蒜片、葱花、蒜末、料酒、胡椒粉、盐各适量。

做法

① 鲢鱼头洗净,从中间剖开,用胡椒粉、盐、料酒搓揉均匀,腌渍10分钟。

② 取一大平盘,用葱姜丝、蒜片垫底,将鱼头放上面,鱼头上铺剁椒,上锅蒸20分钟。

③ 鱼头蒸好出锅,撒上蒜末、葱花,淋上热油即可。

做法支招:鱼头比较肥美,用饼蘸着汤汁吃,味道更好。

泥鳅蒸腊肉

主料 腊肉400克,泥鳅250克。

调料 葱花、姜末、干辣椒末、豆豉、米醋、料酒、盐、味精、食用油各适量。

做法

① 将腊肉切成均匀的片,入沸水锅汆烫后捞出,摆碗中。

② 锅内倒水,放入葱、姜、料酒,下泥鳅汆烫后捞出,摆入腊肉碗中。

③ 锅中倒油烧热,放入干辣椒、豆豉炒香,加入其他调料,浇在扣碗中,上笼蒸30分钟,取出,倒扣入盘即可。

做法支招:掌握好蒸制的时间与火候,突出腊肉与泥鳅的香味。

主料　鲇鱼1000克。

调料　香菜、葱段、姜片、蒜瓣、泡椒、泡椒水、料酒、盐、鸡精、食用油各适量。

做法

① 将鲇鱼洗净，鱼头和鱼尾切断，鱼身切成等量的花刀状,不要切断,全部放入热油锅略煎片刻。

② 鱼身煎好后先取出盛盘，留鱼头、鱼尾在锅中，放入泡椒、蒜瓣、葱段、姜片、泡椒水炒香，加入适量水，大火煮10分钟，放入鱼身，倒入料酒大火煮开，转小火焖15分钟，加盐、鸡精调味，撒入香菜即可。

做法支招：鱼肉略微煎一下，熬出来的汤色会更加白和浓稠。

泡椒焖鲇鱼

主料　黄颡鱼750克，酸菜100克。

调料　姜丝、葱段、料酒、辣椒粉、盐、味精、食用油各适量。

做法

① 将黄颡鱼宰杀洗净，加盐、味精、料酒腌拌片刻；酸菜切小块。

② 锅中倒油烧至七成热，下黄颡鱼过油至金黄色，捞出沥油。

③ 锅留底油烧热，下入姜丝、辣椒粉、酸菜煸香，烹入料酒，倒入适量水，放入黄颡鱼中火煮5分钟至入味，撒入葱段，起锅即可。

营养小典：黄颡鱼能益脾胃，利尿消肿。

水煮黄颡鱼

主料　鱼肉500克,川式酸菜200克,鸡蛋清10克。

调料　姜片、蒜片、野山椒、水淀粉、胡椒粉少许，味精、盐、食用油各适量。

做法

① 川式酸菜改刀切片，用水冲洗一下。

② 鱼肉洗净，改刀切成大片，加盐、味精、胡椒粉、鸡蛋清、水淀粉抓匀上浆。

③ 炒锅倒油烧热，下入野山椒、姜片、蒜片爆香，加入酸菜翻炒片刻，倒入清水，加入盐、味精和胡椒粉烧开，下入鱼片，煮熟即可。

营养小典：此菜健脾开胃，润肠通便。

酸辣鱼片

青椒豆豉蒸田鱼

主料 净干田鱼200克，青椒100克。

调料 葱姜蒜末、豆豉、香辣酱、酱油、高汤、胡椒粉、糖、盐、味精、食用油各适量。

做法

① 青椒切成圈，豆豉剁碎，同入热油锅，放入葱姜蒜末、盐、味精、糖、酱油、高汤、胡椒粉、香辣酱炒香，盛出。

② 干田鱼洗净，用冷水浸泡20分钟，入油锅小火煎至两面呈金黄色，出锅放入深盘中。

③ 将炒好的青椒豆豉酱平铺在田鱼上，放入蒸笼，大火蒸30分钟，盛出即可。

营养小典：田鱼的鳞片软，可食；其鱼肝味美肥糯。

豆豉蒸平鱼

主料 平鱼1000克。

调料 葱花、姜末、碎干辣椒、豆豉、猪油、料酒、酱油、盐、味精、香油各适量。

做法

① 平鱼去内脏洗净，两面各划浅十字斜纹，再均匀抹上盐和味精。

② 所有调料同入碗中，调匀。

③ 平盘底抹上香油，将平鱼放入盘中，浇上调料，入蒸锅大火蒸20分钟即可。

饮食宜忌：平鱼忌用动物油炸制，不要和羊肉同食。

蒜蓉粉丝蒸蛏子

主料 粉丝1小把，蛏子500克，青椒、红椒各少许。

调料 蒜蓉、豆豉、生抽、盐各适量。

做法

① 蒜蓉用油小火炒成金黄色；青椒、红椒均洗净切成丁。

② 蛏子冲洗干净，放在盘中，把泡软的粉丝碎放在蛏子上，浇上蒜蓉、生抽、盐调成的汁，撒上豆豉、青红椒粒。

③ 蒸锅水开后，将蛏子盘上锅，大火蒸3分钟，取出即可。

营养小典：豆豉可以改善胃肠道菌群，常吃豆豉还可帮助消化、预防疾病、延缓衰老、增强脑力。

川湘汤煲锅

PART 4

主料 茼蒿400克。

调料 食用油、精盐、鸡精、胡椒粉、姜末、豆豉、鲜汤各适量。

做法

❶ 茼蒿洗净，切段。

❷ 锅内倒油烧热，放姜末、豆豉炒香，放入茼蒿炒蔫，倒入鲜汤，放精盐、鸡精，撒胡椒粉煮至汤开，改用小火将茼蒿煮烂即成。

营养小典：茼蒿含有丰富的胡萝卜素及多种氨基酸，并有芳香气味，具有养心安神、稳定情绪、降低血压的功效，同时能防止记忆力减退。

豆豉茼蒿汤

主料 苋菜500克，皮蛋2个(约120克)。

调料 食用油、精盐、鸡精、蒜末、鲜汤各适量。

做法

❶ 苋菜洗净，沥干水；皮蛋剥去外壳，切丁。

❷ 锅内倒油烧热，放入蒜末炒香，加入苋菜翻炒片刻，倒入鲜汤，加入皮蛋，放精盐、鸡精，大火烧开，改用小火将苋菜煮烂即成。

饮食宜忌：苋菜不宜与蕨粉同食，蕨粉含的维生素B_1分解酶，会破坏苋菜中的维生素B_1，造成营养流失。

皮蛋苋菜汤

芦荟猪蹄汤

主料 猪蹄600克，芦荟300克，蜜枣3颗。

调料 精盐适量。

做法

① 猪蹄斩件洗净，入沸水锅氽片刻，捞出沥水，入热油锅干爆5分钟，盛出；芦荟洗净，去皮，切条。

② 炖锅内加入适量清水煮沸，放入芦荟、猪蹄、蜜枣，大火煲沸，改小火煲2小时，加精盐调味即成。

营养小典：芦荟是溃疡病、心血管病、糖尿病、癌症患者的健康食品，也是女士、肥胖者的佳品。

笋干老鸭汤

主料 老鸭1只(约2000克)，笋干片150克。

调料 食用油、精盐、味精、料酒、胡椒粉、香油、姜片、葱花、鲜汤各适量。

做法

① 老鸭洗净，放入沸水锅氽至断生；笋干片洗净，入沸水锅焯烫后捞出。

② 老鸭放入砂锅中，倒入鲜汤，放入食用油、姜片、笋干片、料酒，大火烧开，改小火炖至鸭肉熟烂，加精盐、味精、胡椒粉调味，撒上葱花，淋上香油即成。

营养小典：食肉饮汤，宜常服。

鱼香茄子煲

主料 茄子300克，猪肉馅50克，青椒、红椒各20克。

调料 姜末、蒜末、辣豆瓣酱、生抽、酱油、糖、香醋、食用油各适量。

做法

① 茄子洗净，切长条；青椒、红椒均洗净，切长条；生抽、糖、酱油、香醋混匀成调味汁。

② 锅中倒油烧热，放入茄子炸软，取出沥干油分。

③ 锅留底油烧热，放入姜末、蒜末、辣豆瓣酱炒香，放入猪肉馅炒散，倒入调味汁和适量水，放入茄条，煮至水分将干，加入青椒、红椒，整锅倒入瓦煲中上桌即可。

做法支招：猪肉馅可以先用料酒腌制片刻。

主料 芦笋250克，五花肉、红尖椒各50克。

调料 蒜末、精盐、酱油、食用油各适量。

做法

❶ 芦笋去根，洗净，切段；五花肉洗净，切片；红尖椒洗净，切碎。

❷ 锅中倒油烧热，放入五花肉片煸香，加入蒜末、碎尖椒翻炒片刻，放入芦笋段炒熟，加入精盐、酱油炒匀，倒入烧热的钵子中，加入少许水，盖盖略焖，装盘即成。

营养小典：此菜滋阴壮阳，健脾开胃。

钵子鲜芦笋

主料 烤笋300克，五花肉50克。

调料 姜片、干椒段、蚝油、陈醋、盐、味精、食用油各适量。

做法

❶ 烤笋洗净，用清水浸泡10小时至回软，捞出控水，撕成长条；五花肉切成薄片。

❷ 锅内倒油烧热，放入姜片、干椒段煸香，下入肉片，煸炒至熟，加入盐、味精、蚝油、陈醋，下入烤笋，倒入少许水，焖烧片刻，倒入瓦煲中，上桌即可。

做法支招：焖制时间不宜太长，以免引起烤笋质地不脆。

木炭烤笋煲

主料 猪肘1000克，野山笋100克，野山椒50克。

调料 卤料包1个，姜片、豆瓣酱、红油、糖、蚝油、陈醋、鸡精、盐、食用油各适量。

做法

❶ 将猪肘在热水中烫毛，煮至八成熟；野山笋切片。

❷ 锅内倒油烧热，倒入豆瓣酱、野山笋、野山椒翻炒均匀，加入适量水煮沸，将汤汁倒入瓦煲中，加入肘子、红油、糖、蚝油、陈醋、鸡精、盐，一起焖至肘子熟烂入味，盛出即可。

做法支招：野山椒既可以鲜食也可以干食，还可以加工成罐头食品。

酸辣肘子煲

蓝花猪手煲

主料 猪手500克，西蓝花50克，红椒圈20克。

调料 剁椒、香菜、卤料1包，茶油、蚝油、酱油、盐、味精各适量。

做法

❶ 猪手洗净，一剖为四，入沸水锅大火汆3分钟，捞出凉凉；西蓝花洗净，撕成小朵。

❷ 锅中倒茶油烧热，放入剁椒、红椒圈小火煸香，加入猪手小火炒3分钟，加盐、味精、蚝油、酱油调味，整锅移至瓦煲中，加入适量水，煲至猪手熟烂，放入西蓝花，煲至汤汁收干，上桌即可。

营养小典：吃西蓝花的时候要多嚼几下，这样才更有利于营养的吸收。

素食养生锅

主料 玉米、黄豆芽、杏鲍菇、白菇、鲜香菇各100克，红椒50克。

调料 精盐、鸡精各适量。

做法

❶ 玉米洗净，切段；黄豆芽、杏鲍菇、白菇、鲜香菇均洗净，杏鲍菇、鲜香菇切片；红椒洗净，切段。

❷ 锅中倒入适量水，加入玉米段、黄豆芽、杏鲍菇、白菇、鲜香菇、红椒，大火煮开，转小火煮10分钟，加入精盐、鸡精，煮至菜熟即成。

营养小典：此煲营养丰富，健脑益智。

豆浆火锅

主料 原味豆浆500毫升，玉米、油菜、金针菇各100克，圣女果、猪肉片、鱼丸各50克。

调料 精盐、鸡精、高汤各适量。

做法

❶ 玉米切段；油菜洗净；金针菇去杂，洗净；圣女果洗净，切成两半。

❷ 小铁锅中加入原味豆浆与高汤煮沸，放入玉米段、油菜，加入精盐、鸡精拌匀，再加入金针菇、圣女果、鱼丸煮至熟，在铁锅下放入酒精炉，上桌，放入猪肉片涮熟即成。

营养小典：此煲健脾益气，补肾健脑。

主料　油豆皮250克，香芹、红尖椒各100克。

调料　酱油、白糖、鸡精、香油、食用油各适量。

做法

❶ 油豆皮洗净，切长条，加入鸡精、酱油、白糖、少许热水拌匀；香芹洗净，切段；红尖椒洗净，去蒂、去子，切圈。

❷ 锅中倒油烧热，放入红尖椒炒匀，放入油豆皮，滴入香油，放入香芹段炒匀，装入干锅内，边加热边食即可。

营养小典：油豆皮富含优质大豆营养蛋白，适宜身体虚弱、营养不良、气血双亏、年老羸瘦之人食用，也适宜高脂血症、高胆固醇、肥胖者及血管硬化者食用。

干锅油豆皮

主料　千张（腐皮）、水发干笋丝各200克，红椒丝50克。

调料　精盐、鸡精、老抽、白糖、葱姜丝、红油、食用油各适量。

做法

❶ 千张卷成卷，用纱布包裹后再用细绳捆紧；水发干笋丝、红椒丝放入热油锅炒熟，盛出。

❷ 砂锅加水烧开，放入精盐、鸡精、老抽、白糖、葱姜丝，放入千张卷焯熟，取出沥水，解开纱布包，将千张切成斜刀片。

❸ 将干笋丝、红椒丝放入锅底，再摆上千张片，淋上红油即成。

营养小典：此锅健脑益智，抗菌消炎。

干锅素肉

主料　白萝卜250克，五花肉150克，芹菜段、小米椒各25克。

调料　精盐、鸡精、酱油、蚝油、食用油各适量。

做法

❶ 白萝卜洗净，切条；五花肉洗净，切片；小米椒洗净，切丁。

❷ 锅中倒油烧热，放入白萝卜条炸香，捞出沥油。

❸ 锅留底油烧热，放入五花肉片干煸出香味，放入少许水、精盐、鸡精、酱油、蚝油翻炒均匀，倒入白萝卜片一起翻炒片刻，起锅装入干锅中，撒上芹菜段、小米椒丁，带火上桌即成。

营养小典：萝卜性凉，味辛甘，可消积滞、化痰清热、下气宽中、解毒。

干锅萝卜片

土家干锅脆爽

主料 山蛰菜、五花肉各200克，洋葱、红椒各50克。

调料 葱段、姜末、蒜片、干辣椒、老抽、鸡精、香醋、红油、食用油各适量。

做法

1. 五花肉洗净，切片；红椒洗净，去蒂、去子，切丁；洋葱洗净，切丝，放在干锅底部。

2. 锅中倒油烧热，放入姜末、蒜片、干辣椒爆香，放入五花肉片、红椒丁、山蛰菜炒匀，烹入老抽、香醋调味，加入鸡精，淋入红油，装入垫有洋葱丝的干锅内，撒上葱段上桌即成。

营养小典：山蛰菜是一种稀有野菜，富含多种人体必需的氨基酸、维生素及多种微量元素。

干锅豆角丝

主料 干豆角丝250克，五花肉150克。

调料 泡椒、蒜瓣、精盐、鸡精、辣椒油、食用油各适量。

做法

1. 干豆角丝用沸水浸泡30分钟，洗净，捞出沥水，切段；五花肉洗净，切片；泡椒取一半剁碎。

2. 锅中倒油烧热，放入碎泡椒煸香，加入豆角丝、五花肉片、精盐、鸡精、蒜瓣翻炒3分钟，加入辣椒油，出锅装入干锅中，点缀上泡椒，点燃酒精灯上桌即成。

营养小典：此菜健脾开胃，增强食欲。

干锅烧辣椒

主料 红椒300克，五花肉50克，洋葱10克。

调料 姜片、蒜蓉、葱段、蚝油、陈醋、鲜汤、盐、味精、食用油各适量。

做法

1. 将红椒放在火上烧热，泡入水中，洗去外皮上烧出的黑皮，去子切块；将五花肉切片，洋葱切片。

2. 锅内倒油烧热，放入蒜蓉、姜片煸香，下入肉片，煸炒至熟，倒入鲜汤，加入盐、味精、蚝油、陈醋，烧开后，下入烧椒，翻炒片刻，倒入垫有洋葱片的干锅中，撒上葱段即可。

做法支招：烧辣椒时不可烧得太熟，用干锅带火，还要继续加热。

主料 五花肉150克，娃娃菜、鲜茶树菇、五香豆干各100克。

调料 干辣椒、葱段、姜片、蒜瓣、辣豆瓣酱、精盐、鸡精、生抽、白糖、食用油各适量。

做法

❶ 五花肉洗净，切片；鲜茶树菇洗净，切段；五香豆干切条；娃娃菜洗净，将大块切成两块，放入沸水锅焯烫片刻，捞出沥水。

❷ 锅中倒油烧热，放入葱段、蒜瓣、姜片、辣豆瓣酱、五花肉片炒香，放入五香豆干条、茶树菇、娃娃菜炒熟，调入生抽、白糖、精盐、鸡精，盖盖焖1分钟，倒入干锅中即成。

营养小典：此菜养胃生津，除烦解渴。

干锅娃娃菜

主料 干竹笋250克，腊肉150克。

调料 香菜段、精盐、鸡精、辣酱、高汤、食用油各适量。

做法

❶ 干竹笋泡软，放入沸水锅煮1小时，捞出沥干，切条；腊肉洗净，切片，放入沸水锅汆烫5分钟。

❷ 锅中倒油烧热，放入竹笋、腊肉炒熟，倒入干锅中，加精盐、鸡精、辣酱、高汤煮沸，倒入干锅中，撒香菜段即可。

做法支招：此菜补中润燥，增强免疫力。

干笋腊肉锅

主料 鲜茶树菇300克，五花肉200克。

调料 干辣椒、花椒、葱花、姜蒜片、豆瓣酱、老抽、白糖、水淀粉、食用油各适量。

做法

❶ 鲜茶树菇放入淡盐水中浸泡10分钟，洗净，沥干，切段，放入沸水锅中焯烫片刻，捞出沥干；五花肉洗净，切片；豆瓣酱剁细；干辣椒洗净，掰成两半。

❷ 锅中倒油烧热，放入豆瓣酱炒香，放入五花肉片、葱花、姜蒜片，煸炒至肉片变色，依次放入干辣椒段、花椒、茶树菇，继续煸炒5分钟，放入老抽、白糖，翻炒均匀，淋入水淀粉即可。

做法支招：此菜健脾清热，平肝止泻。

干锅茶树菇

干锅手撕面筋

主料 面筋300克，五花肉150克，红椒50克。

调料 干辣椒、蒜瓣、老抽、白糖、料酒、胡椒粉、食用油各适量。

做法

1. 面筋撕成块；五花肉洗净，切片；红椒洗净，去蒂、去子，切块；干辣椒洗净，切段。

2. 锅中倒油烧热，放入五花肉煸炒至微焦，放入干辣椒段爆香，加入面筋块翻炒至七成熟，放入料酒、白糖、老抽、红椒块、蒜瓣、白胡椒粉焖至熟，倒入干锅中即成。

做法支招：面筋营养丰富，有保护血液系统、心脏以及神经系统正常工作的功能。

干锅柴火香干

主料 香干300克，腊肉100克，红尖椒段15克。

调料 姜末、蒜蓉、葱段、干辣椒、豆瓣辣酱、酱油、高汤、盐、味精、食用油各适量。

做法

1. 香干洗净，切薄片；腊肉洗净，切薄片。

2. 锅中倒油烧热，放入豆瓣辣酱、酱油、姜末、干辣椒、蒜蓉炒香，加入腊肉、香干小火翻匀，加入高汤、盐小火焖5分钟，撒味精，出锅装入干锅内，撒葱段、红辣椒段点缀即可。

做法支招：香干可制作多种菜肴，可冷拌，可热炒，可油炸，可烤制。

肥肠香锅

主料 肥肠300克，土豆1个。

调料 姜片、蒜蓉、蚝油、陈醋、鲜汤、盐、味精、食用油各适量。

做法

1. 土豆洗净，切条，入热油锅炸成金黄色捞出。

2. 将肥肠清洗干净，切块，放盆中，加醋、盐反复搓洗干净，取出冲净后切成小段。

3. 锅内倒油烧热，放入蒜蓉、姜片煸香，下入肥肠翻炒片刻，加入鲜汤，调入盐、味精、蚝油、陈醋,大火烧开,倒入铺有土豆条的石锅中即可。

做法支招：土豆条不要切得过细，否则很容易炸煳。

主料 肥肠300克，洋葱、土豆、胡萝卜各30克。
调料 姜片、蒜蓉、干辣椒段、蚝油、陈醋、鲜汤、盐、味精、食用油各适量。

做法

① 土豆、洋葱、胡萝卜洗净，切成片；肥肠清洗干净，切块，放盆中，加醋、盐反复搓洗干净，冲净后切成小段。

② 锅内倒油烧热，放入蒜蓉、姜片、干红椒段煸香，下入肥肠翻炒片刻，加入鲜汤，调入盐、味精、蚝油、陈醋，大火烧开，转小火烧至汤汁收干，整锅倒入铺有洋葱、土豆、胡萝卜的干锅中即可。

营养小典：肥肠的头是最肥美的，小肠最瘦。

什锦肥肠锅

主料 黑山羊肉600克。
调料 姜片、葱花、干辣椒、八角茴香、高汤、豆瓣酱、料酒、盐、味精、食用油各适量。

做法

① 黑山羊肉洗净，切成条。

② 炒锅倒油烧热，下入羊肉条煸炒，边炒边烹料酒，下入姜片、八角茴香、干辣椒，放入豆瓣酱大火煸香，加入高汤、盐，改小火煨10分钟，倒入干锅中，放味精、葱花即可。

做法支招：黑山羊的膻味比较小，所以不爱吃羊肉的人也可以尝试一下。

干锅黑山羊

主料 牛肉500克、白萝卜、红尖椒各100克。
调料 姜片、蒜瓣、干辣椒、辣椒酱、料酒、红油、鸡精、盐、食用油各适量。

做法

① 将牛肉洗净，入锅内煮至断生，捞出切片；红尖椒去蒂，切段；白萝卜去皮，切片，入锅焯熟，捞出待用。

② 锅中倒油烧热，下牛肉煸炒片刻，加姜片、干辣椒炒香，烹入料酒，加入适量水，放盐、鸡精、辣椒酱调味，炒至汤汁收干，加蒜瓣翻炒，出锅盛入垫有白萝卜的干锅内即可。

做法支招：为了保持口感，牛肉片不要切得过厚。

干锅牛肉片

干锅鲜虾土豆

主料 鲜虾、土豆各200克。

调料 蒜末、红椒丁、精盐、食用油各适量。

做法

① 鲜虾去虾线，洗净沥干；土豆去皮，洗净，切丁。

② 锅中倒油烧热，放入鲜虾炸至变色，捞出沥油，再放入土豆丁，小火煎至土豆熟透，捞出。

③ 干锅里放入少许油，放入鲜虾、土豆丁、蒜末、红椒丁，加精盐调味，放在酒精炉上，点燃上桌即成。

做法支招：土豆切成小块，方便入味；虾可以适当多炸上一会儿，这样虾外壳是脆脆的，有点椒盐虾的感觉。

木桶牛肉

主料 牛肉500克，红尖椒20克。

调料 剁椒、香菜、蚝油、酱油、盐、味精、食用油各适量。

做法

① 牛肉用清水浸泡1小时，控干水分，放入锅中，倒入适量水，小火煮2小时，取出切片；红尖椒切圈。

② 锅内倒油烧热，放入剁椒、红尖椒圈煸香，放入牛肉小火炒3分钟，加盐、味精、蚝油、酱油调味，出锅倒入烧热的不锈钢桶内，再移入木桶内，撒香菜，盖上木桶盖即可。

做法支招：卤料中就有盐分，所以要根据自己的口味来调节盐的使用量。

牛杂火锅

主料 牛杂(牛肚、牛肠、牛肝、牛心、牛筋)300克，白菜200克。

调料 葱段、姜末、花椒、辣豆瓣、干辣椒、豆豉、冰糖、高汤、精盐、牛油各适量。

做法

① 牛杂放入锅中，加入适量水，大火煮10分钟，取出牛杂，洗净，改刀切块；白菜洗净，切段。

② 锅置火上，放入牛油、姜末、花椒、辣豆瓣炒香，加入干辣椒、豆豉，小火翻炒3分钟，加入冰糖、高汤、精盐、牛杂，小火煮2小时，加入白菜、葱段稍煮即成。

营养小典：此火锅补中益气，健脾开胃。

主料　兔肉350克，青笋丁100克。

调料　火锅底料、干辣椒、花椒、豆瓣、葱段、姜丝、精盐、酱油、淀粉、鸡精、食用油各适量。

做法

❶ 兔肉洗净，切丁，加入淀粉、酱油拌匀腌渍1小时。

❷ 锅中倒油烧热，放入花椒、葱段、豆瓣炒香，加入火锅底料、干辣椒、姜丝炒匀，倒入适量水，大火烧沸，加入青笋丁、兔肉，中火烧至兔肉熟透，加精盐、鸡精调味即成。

营养小典：兔肉性凉，味甘，有补中益气、止渴健脾、滋阴凉血的功效，对胃热呕吐、便血等症有一定疗效。

香辣火锅兔

主料　兔子半只（约800克），川贝15克。

调料　葱花、姜蒜片、精盐、鸡精、料酒、胡椒粉、高汤、食用油各适量。

做法

❶ 兔子宰杀洗净，切块，放入沸水锅氽烫片刻，捞出沥水。

❷ 锅中倒油烧热，放入姜蒜片、葱花炒香，倒入兔肉翻炒片刻，加入高汤，放入精盐、鸡精、胡椒粉、料酒、川贝，大火烧沸，煮10分钟，起锅放入小火锅中，点燃酒精炉，上桌即成。

营养小典：此火锅补中益气，滋阴凉血。

火锅川贝兔

主料　熟仔鸡1只（约600克），香芹100克，熟芝麻10克。

调料　香菜、葱段、姜片、干辣椒、辣豆瓣酱、酱油、料酒、孜然粉、食用油各适量。

做法

❶ 熟仔鸡去骨，把鸡肉、鸡皮撕成条；香芹、干辣椒、香菜均洗净，切段。

❷ 锅中倒油烧热，放入干辣椒段、孜然粉、姜片、葱段爆香，加入辣豆瓣酱翻炒片刻，放入鸡条拌炒均匀，加入香芹段，调入料酒、酱油炒制入味，撒入熟芝麻，放入香菜段，盛入干锅中，边加热边食用即成。

营养小典：此干锅温中益气，补精填髓，调和肠胃。

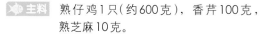

干锅手撕鸡

干锅香辣鸡翅

主料 鸡翅400克，面粉50克。

调料 干辣椒段、葱段、姜片、蒜片、精盐、酱油、料酒、花椒、食用油各适量。

做法

① 鸡翅洗净，在表面用刀划上几道，加入料酒、精盐、酱油、葱段、姜片拌匀腌渍30分钟，捞出葱段和姜片，在鸡翅上撒一层面粉，抓匀。

② 锅中倒油烧热，放入鸡翅炸至鸡翅表面呈金黄色，捞出沥油。

③ 锅留底油烧热，放入干辣椒段、花椒、葱段、蒜片爆香，放入鸡翅，快速炒匀，装入干锅中即成。

营养小典：此干锅润脾补肾，帮助消化。

酸菜火锅

主料 酸菜100克，鸭肉500克。

调料 姜丝、精盐、鸡精、清汤、香油各适量。

做法

① 鸭肉洗净，切块，放入沸水锅汆烫片刻，捞出沥水；酸菜洗净，切片，用清水浸泡20分钟。

② 锅置火上，倒入清汤，放入鸭肉，大火煮沸，转小火煮至汤汁发白，放入酸菜片煮熟，加入精盐、鸡精调味，拌入姜丝，淋香油出锅即成。

做法支招：也可以放入喜欢吃的其他食材。

干锅板鸭煮莴笋

主料 板鸭半只(约1000克)，莴笋100克。

调料 姜片、蒜蓉、蚝油、陈醋、鲜汤、盐、味精、食用油各适量。

做法

① 莴笋去叶，切片；板鸭入笼中大火蒸1小时至透，取出放凉，切长条。

② 锅内倒油烧热，放入蒜蓉、姜片煸香，下入板鸭，翻炒片刻，加入鲜汤，调入盐、味精、蚝油、陈醋，大火烧开，倒入莴笋片，烧至汤汁收干，移至干锅中即可。

做法支招：板鸭一定要选用老鸭制作而成的。

主料 鹅肠500克，青椒、红椒各20克。

调料 蒜瓣、姜片、葱花、干辣椒、豆瓣酱、料酒、酱油、盐、味精、食用油各适量。

做法

① 将鹅肠洗净，入沸水锅氽水15秒捞出，切段；青椒、红椒均切小块。

② 炒锅放油烧热，下入鹅肠煸炒，边炒边烹料酒，下入蒜瓣、姜片、干辣椒，放入酱油、豆瓣酱大火煸香，加入适量水、盐、青椒、红椒，改小火煨至汤汁收干，整锅倒入干锅中，放味精调味，撒葱花即可。

做法支招：氽水时间不宜过长，要保证鹅肠脆嫩。

干锅鹅肠

主料 花鲢鱼头1个(约800克)，香菇、洋葱、红椒各50克。

调料 葱丝、姜片、蒜瓣、精盐、酱油、料酒、蚝油、胡椒粉、冰糖、食用油各适量。

做法

① 花鲢鱼头劈成两半，洗净，切大块，加精盐、料酒、胡椒粉、蚝油拌匀腌渍10分钟；洋葱洗净，切片；香菇洗净；红椒洗净。

② 砂锅倒入少许油，放入蒜瓣、洋葱片、香菇、姜片、精盐、花鲢鱼头块、红椒、冰糖、酱油、料酒和适量水，加盖大火煮开，转小火煮至砂锅内汤汁收干，撒上葱丝即可。

营养小典：此砂锅温中益气，美容润肤。

砂锅鱼头

主料 刀子鱼400克。

调料 剁椒、姜蒜末、精盐、生抽、醋、料酒、白糖、食用油各适量。

做法

① 刀子鱼宰杀洗净，内、外抹匀精盐，腌渍2小时。

② 锅中倒油烧至三四成热，小火将刀子鱼煎至两面金黄，盛出。

③ 锅留底油烧热，放入姜蒜末、剁椒爆香，倒入干锅内，再倒入刀子鱼，将干锅放在酒精炉上，加生抽、醋、料酒、白糖调匀即成。

做法支招：腌鱼的时候在上面用重一点的东西压片刻会使鱼更容易入味。

干锅滋小鱼

干锅蒜子鲇鱼

主料 新鲜鲇鱼500克，熟芝麻10克。

调料 豆豉、泡椒、灯笼椒、葱蒜末、姜片、精盐、生抽、料酒、花椒、食用油各适量。

做法

❶ 鲇鱼宰杀洗净，切段，加入料酒、生抽、精盐腌渍1小时。

❷ 锅中倒油烧热，倒入鱼段炸至变色，捞出沥油。

❸ 干锅倒油烧热，放入姜片、花椒爆香，加入鱼段、豆豉、泡椒、葱蒜末、熟芝麻、灯笼椒翻炒均匀，加入少许水，放在酒精炉上，上桌点燃，稍焖即成。

营养小典：此干锅滋阴开胃，健脑益智。

胡椒甲鱼火锅

主料 甲鱼1只(约1000克)，白菜、冬瓜、白萝卜各100克。

调料 葱姜丝、胡椒粒、大枣、枸杞子、精盐、鸡精、料酒、香油各适量。

做法

❶ 甲鱼宰杀洗净，切块，放入沸水锅余烫至熟，捞出沥水。

❷ 白菜洗净，撕成大片，冬瓜、白萝卜均去皮，洗净，切片，同装入火锅盆中，加入姜葱丝、大枣、枸杞子、精盐、鸡精、胡椒粒、料酒，放入适量水，加入甲鱼块，淋香油，上桌即成。

营养小典：此火锅滋阴凉血，益气调中，补虚壮阳，提高免疫力。

砂锅牛蛙

主料 牛蛙850克。

调料 葱花、姜丝、蒜瓣、干辣椒、胡椒粉、豆瓣酱、酱油、糖、料酒、食用油各适量。

做法

❶ 将牛蛙洗净，去皮，剁块。

❷ 锅中倒油烧热，加入姜丝、豆瓣酱和干辣椒煸香，倒入牛蛙翻炒至颜色变白，加入酱油、糖炒匀，淋入少许料酒烧开。

❸ 将烧开的牛蛙倒入砂锅中，加水、蒜瓣一同炖20分钟，撒上葱花、胡椒粉即可。

做法支招：牛蛙腿上的肉最多，吃起来更加过瘾。

主料 鲜海虾250克，藕100克。

调料 蒜末、火锅底料、豆瓣酱、香辣豆豉酱、糖、鸡精、食用油各适量。

做法

① 虾去虾枪和虾须；藕切片，过开水焯熟。

② 锅中倒油烧热，放入虾炒红，盛出。

③ 锅留底油烧热，放入蒜末爆香，放入火锅底料、豆瓣酱、香辣豆豉酱和少许水炒匀，放入过好油的虾，翻炒到虾均匀地裹上酱料，再放入藕片炒匀，调入糖和鸡精，倒入干锅中即可。

做法支招：虾肠中间有很多的杂质，一定要处理干净。

香锅虾

主料 大虾200克，冻豆腐、菠菜、鲜香菇各100克。

调料 麻辣酱、干辣椒、花椒、葱段、姜片、精盐、鸡精各适量。

做法

① 大虾洗净，去掉虾线；菠菜洗净，切段；鲜香菇去蒂，洗净；干辣椒洗净；冻豆腐切块。

② 炖锅放入适量水，放入冻豆腐，大火煮沸，放入葱段、姜片、干辣椒、鲜香菇，再次烧开，放入大虾煮至变色，放入菠菜段，调入麻辣酱、精盐、鸡精、花椒，离火即成。

营养小典：虾中含有甲壳质，它可以促进体内有益菌的繁殖，抑制有害菌的滋生，有健胃润肠的作用。

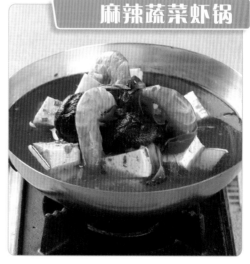

麻辣蔬菜虾锅

主料 草鱼1条(约1000克)，活蟹、鲜虾各200克。

调料 干辣椒、精盐、鸡精、花椒、高汤、食用油各适量。

做法

① 草鱼宰杀洗净，将鱼头一剖为二，鱼身从腹部一剖为二；鲜虾取出虾线，洗净；活蟹洗净。

② 锅中倒油烧热，放入鱼头煎2分钟，盛出，再放入鱼身煎至两面金黄，盛出，再依次放入螃蟹、鲜虾煎至两面发红，盛出。

③ 将草鱼、螃蟹、鲜虾同入电磁锅中，倒入高汤，加入干辣椒、花椒、精盐、鸡精，用电磁炉中火焖5分钟即成。

做法支招：此道菜有宜用鲜活鱼虾烹制。

海鲜香焖锅

PART 5

精选川湘家常菜 1188

川湘主食小吃

蜜薯粥

主料 红薯300克，大米50克。

做法

① 将红薯洗净，去皮后切成块。

② 将大米洗净，倒入开水中熬煮，在水再次滚开后，放入红薯，煮至红薯熟、大米烂即可。

营养小典：红薯含有丰富的淀粉、膳食纤维、胡萝卜素、维生素A、B族维生素、维生素C、维生素E以及钾、铁、铜、硒、钙等10余种微量元素和亚油酸等，营养价值很高，被营养学家们称为营养最均衡的保健食品之一。

蒸杂粮

主料 毛豆300克，小南瓜、山药、玉米各100克。

调料 八角茴香1克，盐、花椒各适量。

做法

① 将毛豆用盐水、花椒、八角茴香腌拌30分钟，待毛豆进味后，捞出沥干水分。

② 将小南瓜切块；山药切段；玉米切段。

③ 所有食材上笼蒸25分钟，取出即可。

做法支招：蒸的时间根据切块的大小而定。

主料 糯米200克，腊肠100克，嫩豌豆50克。

调料 盐、食用油各适量。

做法

① 将糯米淘洗干净，浸泡20分钟，捞出糯米，泡糯米的水留用；将腊肠切丁。

② 锅内倒油烧热，放入腊肠丁炒香，加入豌豆、盐炒匀，加入糯米和适量泡糯米的水，煮至饭熟即可。

做法支招：糯米用水泡一下，是为了更容易做熟，而且口感更加软绵。

腊肠糯米饭

主料 米饭250克，蘑菇、洋葱、嫩豌豆各50克，芽菜20克，鸡蛋2个(约120克)。

调料 盐、食用油各适量。

做法

① 将洋葱切丁；蘑菇洗净，切片；将鸡蛋加盐打散。

② 锅内倒油烧热，放入洋葱炒香，加入鸡蛋炒匀，撒上盐翻炒片刻，放入蘑菇片和嫩豌豆一起炒2分钟，放入芽菜炒香，加入米饭炒匀即可。

做法支招：炒米饭的时候可以先将米拨散，这样更易将米饭炒匀。

芽菜蛋炒饭

主料 隔夜米饭300克，鸡蛋2个(约120克)，朝天椒25克。

调料 精盐、葱花、花椒粉、食用油各适量。

做法

① 鸡蛋磕入碗中打散；朝天椒洗净，切末。

② 锅中倒油烧热，放入鸡蛋液炒熟，加入隔夜米饭翻炒至米饭热透，放入精盐、朝天椒末、葱花、花椒粉炒匀，出锅即成。

营养小典：此炒饭健脾开胃，增强食欲。

红椒炒饭

牛肉米线

主料 米线300克，牛腱肉200克。

调料 姜丝、辣椒、花椒、葱花、红油、酱油、盐、味精、食用油各适量。

做法

① 将牛腱肉洗净，入锅煮至软烂，取出凉凉，切片。

② 锅中倒油烧热，依次下花椒、辣椒、姜丝炒香，加入适量水、酱油、红油和盐，大火烧沸，改中火煮3分钟，将泡软的米线放入锅中煮1分钟，加入味精拌匀，盛入大碗内，铺上牛肉片，撒上葱花即可。

做法支招：没有米线也可以用普通的面条代替。

酸汤面

主料 拉面300克，鸡蛋1个(约60克)、金针菇、胡萝卜、水发木耳各10克。

调料 香菜段、高汤、醋、胡椒粉、红油、盐、鸡精各适量。

做法

① 胡萝卜、水发木耳均洗净切丝，入锅烫熟捞出；鸡蛋打散成蛋液；金针菇洗净去根。

② 锅中倒水煮沸，放入拉面煮至熟透，捞起。

③ 将高汤入锅煮沸，放入胡萝卜丝、木耳丝和所有调料，小火煮沸，加入蛋液和金针菇，放入面条拌匀，撒上香菜段即可。

做法支招：酸汤面一是面细而长，二是汤酸而辣，有健脾开胃，增强食欲之功。

担担面

主料 细面条300克，豌豆尖、芽菜末各50克。

调料 葱花、蒜泥、精盐、鸡精、酱油、醋、花椒粉、辣椒油各适量。

做法

① 豌豆尖洗净，放入沸水锅焯烫片刻，捞出沥水，盛碗中；辣椒油、鸡精、花椒粉、精盐、酱油、蒜泥、芽菜末、醋调匀成麻辣味汁。

② 锅置火上，倒水烧沸，放入细面条煮至断生，捞起装入豌豆尖垫底的碗中，淋上麻辣味汁，撒上葱花即成。

营养小典：担担面是著名的成都小吃。有面条细薄、卤汁酥香的特点。担担面易于消化吸收，有增强免疫力、平衡营养吸收等功效。

主料 面条300克，黄瓜50克。

调料 葱姜蒜末、精盐、酱油、鸡精、白糖、醋、麻酱、花椒粉、辣椒油、香油各适量。

做法

① 面条入锅煮熟，捞出凉凉，盛大碗中，放入香油拌匀；黄瓜洗净，切丝。

② 麻酱、醋、酱油放入碗中调匀，加入白糖、精盐、鸡精、辣椒油、花椒粉、葱姜蒜末调成味汁，浇在面条上，放上黄瓜丝拌匀，淋上香油即成。

营养小典：此面健脾开胃，补中益气。

怪味凉面

主料 抄手皮300克，肉末、菠菜各150克。

调料 葱花、酱油、精盐、鸡精、辣椒油、香油各适量。

做法

① 肉末加入精盐、鸡精拌匀，用抄手皮分别包成抄手；菠菜洗净，切段；辣椒油、酱油、香油、鸡精分别装在4个碗内，撒葱花。

② 锅中放入适量水烧开，放入抄手，煮至浮起，放入菠菜段煮沸，连汤分别倒入碗中即成。

营养小典："抄手"是四川人对馄饨的特殊叫法。龙抄手皮薄馅嫩，爽滑鲜香，汤浓色白，为蓉城小吃的佼佼者。

龙抄手

主料 生水饺500克。

调料 葱蒜末、酱油、白糖、鸡精、辣椒油、香油各适量。

做法

① 葱蒜末、酱油、白糖、鸡精、辣椒油、香油调匀成味汁，分别装碗中。

② 锅中加水烧开，放入生水饺煮熟，分盛在有调料的碗中即成。

营养小典：钟水饺是成都著名小吃，以创始人的姓氏命名而来。此水饺风味独特，微甜带咸，兼有辛辣，可补中益气，健脾驱湿。

钟水饺

西葫芦小饼

主料 面粉200克，胡萝卜、西葫芦各50克。

调料 盐、食用油各适量。

做法

① 西葫芦洗净，切丝；胡萝卜削皮，切丝。

② 将面粉倒进装有西葫芦丝、胡萝卜丝的大碗里，放盐、水，搅拌至成为黏稠的面糊。

③ 平底锅涂一层薄油，油热后用勺子倒入面糊，将面糊用铲子摊成薄饼即可。

做法支招：西葫芦会出水，所以也可以先将西葫芦用一点盐杀杀水分。

黄米糕

主料 糯米、大米各200克。

调料 白糖、糖桂花、食用油各适量。

做法

① 糯米、大米一同淘洗干净，清水浸泡8小时，沥水，入磨磨成细粉，放入铺了白布的蒸笼中，蒸40分钟，取出倒入盆中，趁热放入白糖、糖桂花、食用油搅拌均匀，使其成团。

② 案板上抹上食用油，放上粉团搓成长条，切片。

③ 平底锅置火上烧热，抹匀油，放入糕片烙至两面呈金黄色即成。

做法支招：糖桂花是江浙一带常见的调味食品，超市与农贸市场都有销售。

糯米丸子

主料 猪肉300克，糯米150克，芦叶50克，鸡蛋黄1个。

调料 料酒、盐、淀粉、味精各适量。

做法

① 将糯米洗净，放入水中浸泡12小时，沥干；将芦叶放入开水中焯一下，洗净，铺在小蒸笼内。

② 将猪肉洗净剁成蓉，放入碗内，加料酒、盐、味精、蛋黄、淀粉搅拌均匀成馅，挤成丸子，均匀滚上糯米。

③ 将糯米丸子放在芦叶上，入蒸笼大火蒸20分钟即可。

饮食宜忌：糯米不宜多吃。

主料　大米300克。

调料　葱花、精盐、鸡精、白胡椒粉各适量。

做法

① 大米用水浸泡4小时，淘洗干净，沥干，加入适量清水磨成粉浆，盛入铝制平底方盆中，入蒸笼蒸30分钟，取出，切成糕片。

② 锅内倒水烧沸，倒入糕片，加入精盐、鸡精、白胡椒粉，稍煮后连汤舀入碗中，撒上葱花即成。

做法支招：入笼要用沸水旺火速蒸，切片大小、厚薄要均匀。

米切糕

主料　鸡脯肉250克，豌豆苗、火腿末各25克，鸡蛋清60克。

调料　精盐、鸡精、水淀粉、胡椒粉、高汤各适量。

做法

① 鸡脯肉洗净，剁成鸡肉泥，加入少许高汤、鸡蛋清、鸡精、精盐、水淀粉、胡椒粉搅拌均匀成鸡蓉浆；豌豆苗洗净。

② 锅内加高汤煮沸，将鸡蓉浆拌匀，倒入锅内，大火烧至稍微沸腾，改小火煮10分钟，让其聚成鸡豆花。

③ 豌豆苗放入沸水锅焯熟，捞入汤碗中，倒入鸡豆花、高汤，撒上火腿末即成。

营养小典：质地滑嫩，汤清肉白，营养丰富。

鸡豆花

主料　粉条200克，菠菜、豆泡各50克，芽菜末、油酥花生、油酥黄豆、芝麻各10克。

调料　葱花、姜蒜末、精盐、酱油、鸡精、醋、花椒粉、胡椒粉、辣椒油、食用油各适量。

做法

① 粉条在温水中泡软；菠菜洗净；油酥花生压碎；芝麻、芽菜末、姜蒜末、花椒粉、胡椒粉、精盐、酱油、鸡精、醋、辣椒油拌匀成调味汁。

② 锅置火上，倒油烧热，放入葱花爆香，加入适量水煮沸，放入粉条、豆泡、菠菜稍煮片刻，连汤一起盛入碗中，倒入调味汁，撒上油酥花生碎、油酥黄豆、葱花即成。

做法支招：粉条不要煮太久，不能煮烂。

酸辣粉

赖汤圆

主料 糯米粉300克，豆沙150克，芝麻25克。

调料 白糖适量。

做法

① 芝麻放入热锅内炒香；糯米粉加水拌匀做包皮，豆沙加白糖、芝麻拌匀做馅，把馅放入包皮内包成汤圆。

② 锅置火上，倒入清水烧沸，放入汤圆煮至浮起且皮有弹性时，起锅舀在碗中，加煮汤即成。

营养小典：赖汤圆，是四川成都名小吃，其色滑洁白，皮粑绵糯，甜香油重，营养丰富。

粉蒸藕

主料 莲藕500克，生米粉50克，卤五花肉100克。

调料 姜末、葱花、胡椒粉、香油、酱油、醋、鸡精、盐各适量。

做法

① 莲藕洗净，刮去外皮，切块；卤五花肉切丁。

② 将莲藕、肉丁拌匀，同盛入瓷盘中，加入生米粉、盐、姜末、葱花、胡椒粉、鸡精拌匀，倒在小圆格子蒸笼中，上旺火沸水锅蒸约25分钟，翻扣入盘里。

③ 将酱油、醋、香油调成汁，淋在藕块上即可。

做法支招：生米粉要购买质量合格的，以免其中添加了其他的杂质。

雪梨蒸山药

主料 山药200克，雪梨250克，彩针糖少许。

做法

① 将山药、雪梨去皮，切成块。

② 将雪梨用榨汁机榨成汁。

③ 将雪梨汁、彩针糖倒在山药上，将山药上笼蒸15分钟即可。

做法支招：没有榨汁机也可以直接用擦板将雪梨擦成泥。

主料　红薯400克，熟火腿、冬菇、绿菜、熟鸡肉、竹笋各15克。

调料　盐、味精、水淀粉各适量。

做法

① 红薯去皮，用盐水浸泡片刻，上笼蒸熟后用刀面压抿成泥，加少许盐拌匀。

② 火腿、冬菇、绿菜、熟鸡肉分别切丝；竹笋焯熟后切丝；盐、味精、水淀粉同入碗中拌匀。

③ 将五丝拌匀后放盘内，薯泥里加上五丝，然后挤成球做出造型，淋上味汁，放在盘里蒸5分钟，取出即成。

做法支招：吃红薯时要注意一定要蒸熟煮透。

红薯球

主料　湘白莲、青豆、鲜菠萝、罐头樱桃各50克，桂圆肉25克。

调料　冰糖各适量。

做法

① 湘白莲去皮、去心，放入碗中，加入适量水，上蒸笼蒸至软烂，滗去水，盛入汤碗中；桂圆肉洗净；鲜菠萝去皮，切丁；青豆洗净。

② 锅中倒水，加入冰糖烧至冰糖溶化，加入青豆、樱桃、桂圆肉、菠萝，大火煮沸，倒入盛有莲子的汤碗中即成。

做法支招：冰糖与水的比例为1：0.6，过少则莲子会浮上来。

冰糖湘莲

主料　苹果200克，猪肉馅、面粉各50克，鸡蛋30克。

调料　姜末、盐、食用油各适量。

做法

① 猪肉馅儿加入盐、姜末搅拌均匀。

② 苹果削皮切半去核，将肉馅儿填入凹洞中，裹匀鸡蛋液，再蘸一层面粉。

③ 锅中倒油烧热，放入苹果圈，炸至肉熟即可。

做法支招：苹果切开后容易变黑，可以泡在盐水里防止氧化变色。

苹果圈

茶络花生米

主料 花生米100克，黄芩10克。

调料 冰糖适量。

做法

① 花生米用沸水泡涨，去皮，洗净后放碗中，倒入沸水，上蒸笼蒸至软烂，取出，滗去水分；黄芩切片，装碗中，放入沸水，上蒸笼蒸至溶化，滤去残渣，留汁。

② 锅内倒入水，放入冰糖烧至溶化，放入花生米，倒入黄芩汁，大火烧开，装入汤盅即成。

营养小典：酥烂香甜，补益气血。

秋菊炖雪梨

主料 雪梨100克，菊花、陈皮各10克。

调料 冰糖适量。

做法

① 雪梨去皮、去核，洗净，切块；菊花、陈皮均洗净。

② 雪梨块、菊花、陈皮、冰糖同放入炖盅内，加入适量水，放在火上，大火烧开，改小火炖至雪梨软烂即成。

营养小典：生津润燥、清热化痰、养血生肌。

银耳莲子羹

主料 银耳50克，莲子、大枣各25克。

调料 冰糖适量。

做法

① 银耳、莲子均用温水浸泡20分钟，去掉银耳黄色的蒂和莲子心；大枣洗净。

② 银耳、莲子、大枣同放锅中，加适量水，大火煮沸，转小火煮至汤汁黏稠，加冰糖煮化即成。

营养小典：滋阴润肺，养胃生津。

附录1 常见富含钙、铁、锌的 **食物**

钙含量丰富的食物

（以100克可食部计算）

食物名称	含量（毫克）	食物名称	含量（毫克）
石螺	2458	白芝麻	620
牛乳粉	1797	鲮鱼（罐头）	598
芝麻酱	1170	奶豆腐	597
田螺	1030	虾米（海米）	555
豆腐干	1019	脱水菠菜	411
虾皮	991	草虾、白米虾	403
榛子（炒）	815	羊奶酪	363
黑芝麻	780	芸豆（杂、带皮）	349
奶酪干	730	海带（干）	348
虾脑酱	667	河虾	325
荠菜	656	千张	319

资料来源：杨月欣.营养配餐和膳食评价实用指导.人民卫生出版社

铁含量丰富的食物

（以100克可食部计算）

食物名称	含量（毫克）	食物名称	含量（毫克）
苔菜（干）	283.7	羊肚菌	30.7
珍珠白蘑（干）	189.8	南瓜粉	27.8
木耳	97.4	河蚌	26.6
蛏干	88.8	榛蘑	25.1
松蘑（干）	86.0	鸡血	25.0
姜（干）	85.0	墨鱼干	23.9
紫菜（干）	54.9	黑芝麻	23.7
芝麻酱	50.3	猪肝	23.6
鸭肝	50.1	田螺	19.7
桑葚	42.5	扁豆	19.2
青稞	40.7	羊血	18.3
鸭血	35.7	藕粉	17.9
蛏子	33.6	芥菜	17.2

资料来源：杨月欣.营养配餐和膳食评价实用指导.人民卫生出版社

锌含量丰富的食物

（以100克可食部计算）

食物名称	含量（毫克）	食物名称	含量（毫克）
生蚝	71.20	牛肉干	7.35
小麦胚芽	23.40	酱牛肉	7.26
蕨菜	18.11	南瓜子（炒）	7.12
蛏干	13.63	奶酪	7.12
山核桃	12.59	牛肉（里脊）	6.92
羊肚菌	12.11	鸭肝	6.91
扇贝（鲜）	11.69	贻贝（干）	6.71
鱿鱼	11.24	山核桃（干）	6.42
山羊肉	10.42	中国鳖	6.30
糍粑	9.55	河蚌	6.23
牡蛎	9.39	松蘑	6.22
火鸡腿	9.26	蚕蛹	6.17
口蘑	9.04	桑葚（干）	6.15
松子	9.02	黑芝麻	6.13
香菇（干）	8.57	羊肉（瘦）	6.06
羊肉（冻）	7.67	葵花子（生）	6.03
乌梅	7.65	猪肝	5.83

资料来源：杨月欣.营养配餐和膳食评价实用指导.人民卫生出版社

附录2　食材搭配与食用 禁忌

	韭　菜	不宜与菠菜同食，二者同食有滑肠作用，易引起腹泻。 和酒同食易引起胃肠疾病。
	鲜黄花菜	新鲜的黄花菜有毒，不能吃。
	竹　笋	不宜与豆腐同食，同食易生结石。
	发芽、发青的土豆	发芽、发青的土豆有毒，不能吃。
	白萝卜	不能与红萝卜混吃，因红萝卜中所含分解酵素会破坏白萝卜中的维生素C。 服人参时禁食萝卜。
	生四季豆、扁豆	没有炒透的四季豆、扁豆有毒，吃不得。
	鲜玉米	忌和田螺同食，否则会中毒。 尽量避免与牡蛎同食，否则会阻碍锌的吸收。
	发霉玉米	玉米发霉不可食用，致癌。
	豆　腐	忌蜂蜜。
	未熟透豆浆	未熟透的豆浆不能吃，易中毒。
	茭　白	不宜与豆腐同食，否则易形成结石。
	银　杏	严禁多吃食多易中毒。

	猪 肝	忌与番茄、辣椒同食，猪肝中含有的铜、铁能使维生素C氧化而失去原来的功效。
	牛 肉	忌栗子，同食会引起呕吐。
	羊 肉	忌西瓜，同食会伤元气。 和荞麦热寒相反。
	鸡 蛋	和豆浆同食影响蛋白质吸收。
	虾	严禁食用时同时服用大量维生素C，否则易致过敏反应。
	螃 蟹	螃蟹忌柿子，同食会引起腹泻。
	啤 酒	忌海鲜，同食易引起尿路结石，诱发痛风。